异病同治 异病同防

过氧化物与临床慢性疾病

张建强 著

黑龙江科学技术出版社

HEILONGJIANG SCIENCE AND TECHNOLOGY PRESS

图书在版编目（CIP）数据

异病同治 异病同防：过氧化物与临床慢性疾病 / 张建
强著 . -- 哈尔滨：黑龙江科学技术出版社，2024.1
ISBN 978-7-5719-2241-2

Ⅰ. ①异… Ⅱ. ①张… Ⅲ. ①过氧化物—关系—慢性
病—研究 Ⅳ. ①O611.62②R442.9

中国国家版本馆CIP数据核字(2023)第254499号

异病同治 异病同防：过氧化物与临床慢性疾病
YIBING TONGZHI YIBING TONGFANG: GUOYANGHUAWU YU LINCHUANG MANXING JIBING

著　　　者	张建强	
责任编辑	刘　路	
出版发行	黑龙江科学技术出版社	
地　　　址	哈尔滨市南岗区公安街 70-2 号	
邮政编码	150000	
电　　　话	0451-58930230	
网　　　址	http://www.lkcbs.cn/	
印　　　刷	三河市腾飞印务有限公司	
开　　　本	787mm × 1092mm　1/16	
印　　　张	15.5	
字　　　数	216 千字	
版　　　次	2024 年 1 月第 1 版　2024 年 3 月第 1 次印刷	
书　　　号	ISBN 978-7-5719-2241-2	
定　　　价	78.00 元	

本 书 编 委 会

主　　编：张建强

副 主 编：李学记　　喻荣辉　　周贤惠　　高　鹏　　张道良

　　　　　聂俊刚　　裴娟慧　　姚永远　　王思斌　　杜洪明

　　　　　陈培申　　周声安　　沈壮迎

编　　审：浦介麟　　惠汝太　　马长生　　董建增

编　　委：（排名不分先后）

　　　　　浦介麟　　惠汝太　　马长生　　董建增　　张建强

　　　　　李学记　　喻荣辉　　周贤惠　　高　鹏　　张道良

　　　　　聂俊刚　　裴娟慧　　姚永远　　王思斌　　杜洪明

　　　　　陈培申　　周声安　　沈壮迎　　汪云开　　李耀东

　　　　　周怡君　　刘显东　　王兴旭　　黄碧君　　任　岚

　　　　　赵运涛　　卢振华　　张书敏　　蔡玉新　　陈　旭

　　　　　张桂娇

编委简介
EDITOR'S PROFILE

致谢：

感谢浦介麟教授、惠汝太教授、马长生教授、董建增教授对本书的审校，感谢浦介麟教授中肯而勉励的前言。

感谢各位医生同仁们辛勤的付出，感谢各位对本书提出的宝贵意见。

感谢张露月女士心灵手巧、精心手绘的图片，令本书熠熠生辉。

序言
SEQUENCE

异病同防 异病同治 -- 过氧化物贯穿人们一生的永恒话题。张建强博士以这个书名拉开了他对过氧化物的赘述。是的，"过氧化物"一个相识又陌生的名字，在生命科学研究的长河中，绽放出了无尽灿烂硕果，她几乎可以解析人类各种疾病的起源、发病机制、发展过程和由此被发现的预防疾病的干预通路和关键靶点，这些闪烁成果为当今追求的"健康养老"和"精准防治"奠定了坚实的基础。

过氧化物（ROS）的功能在人体内是如此的广泛和重要，以至于它与运动、健康、疾病、生死息息相关。ROS绝大部分由线粒体产生，是线粒体电子传递链中泄漏的电子与氧分子结合而成，它的正常运作和平衡是维护正常机体生理功能的保障，ROS产生过多则是衰老与疾病的主要致病机制，是名副其实的百病之源，堪称"过氧化疾病"。

ROS在人体内的作用具有两面性。白细胞、巨噬细胞等免疫细胞吞噬病原体后就会快速启动过氧化机制，产生ROS，杀灭病原体。如果免疫细胞内产生ROS的功能受损，就容易发生感染（如糖尿病患者）。ROS浓度过高、持续时间过长会损伤自身细胞，导致重症炎症，自身免疫，甚至死亡。ROS对机体的损害的机制是十分广泛的。它可以破坏DNA、蛋白质等重要生物大分子，引起细胞功能异常，免疫系统功能抑制等，最终形成临床上各个系统的慢性疾病；也可以引发基因突变、抑癌基因失活、导致恶性肿瘤的发生。因此，ROS是多种疾病的共同致病机制，这为异病同治、异病同防提供了理论基础。

与ROS直接相关的有糖尿病、冠心病、心力衰竭、老年痴呆、脑卒中、慢性阻塞性肺病、肺动脉高压、慢性肾功能不全、重度炎症、自身免疫病、恶性肿瘤等等，其致病机制都与ROS过度产生，损伤细胞或组织有关。比如，糖尿病并发症的主要机制是高血糖促进葡萄糖自身氧化，产生大量的 ROS，高血糖还可以通过活化多元醇、激活 PKC 和 AGE 受体等促进 ROS 产生。ROS 损伤线粒体功能，引发线粒体产能效率下降，最终触发细胞凋亡。糖尿病中出现的神经、血管及肾脏病变等并发症的主要原因都是 ROS。同样，ROS 也参与了冠心病发生、进展的全过程。吸烟、饮酒、运动减少、肥胖等是冠心病的危险因素都与增加了机体的氧化状态有关。再者，因心肌细胞缺乏超氧化物歧化酶，无法清除 ROS，体内 ROS 浓度过高会直接或间接损伤心肌细胞，促进心肌细胞凋亡，导致心力衰竭。更重要的是，至今的研究都表明，导致恶性肿瘤的所有危险因素的致癌机理都可以归结为 ROS 的氧化作用，ROS 全程参与了恶性肿瘤的发生、发展及转移的过程。ROS 又是放疗、化疗产生副作用的主要原因。此外，慢性肺部疾病、肾功能不全、自身免疫病等都与过高的 ROS 损伤机体组织、细胞有关。由此可见，知道了 ROS，就知道了疾病，知道了养生，知道了治未病。

ROS 与健康养生同样密切相关。ROS 氧化人体细胞中的大分子物质，导致机体过早衰老。追求养生保健，必须减少 ROS 的产生和增加机体抗氧化的能力，远离慢性疾病，达到健康、长寿的目标。人们的不良习惯、吸烟、饮酒、烹饪方式、肥胖、安静与运动、健康与亚健康等等都与 ROS 密切相关。因此，ROS 是谈论科学养生、健康中国、小康社会无法回避的话题。

本书由张建强博士亲自阅读了大量国内、外专业文献，凝炼归纳提升之大成。涵盖了 ROS 的生理、病理作用，对蛋白分子、亚细胞结构、遗传物质、再生与修复、运动与损伤、细胞凋亡以及寿命影响的内在机制。深入透彻的赘述了 ROS 及其相关载体在人体正常生命活动中的重要作用过程，十分详尽的描述了 ROS 在人体保持健康、预防疾病中的关键作用，全面的揭示了 ROS 作为疾病早期预防、早期治疗，以及体育锻炼、养生延年的调节分子和干预靶点。精读本书，必将大大加深对健康、疾病、养生、长寿之间的理解，坚定人类疾病可防、可控的信念，将健康的生活方式落到实处，从娃娃做起，将健康生活贯穿到生命的全过程。

该书内容深入浅出、理论前沿、观点鲜明，不乏精品专著的风范；行文步步深入，引经据典、通俗易懂，又具高级科普读物的气质。精读此书，对临床医生、医学研究生、进修生定能开阔眼界、扩大思路，使自己站得更高，看得更远；对普通读者、知识分子、健康生活和养生爱好者又能悟出真蒂，辨清真伪，走上正确的康健生活之路。

由此可见，异病同防 异病同治 -- 过氧化物贯穿人们一生的永恒话题。值得向往健康生活的人们一生学习，一生践行。

浦介麟

上海市东方医院（同济大学附属东方医院）

前言
PREFACE

　　过氧化物是人类衰老的根本原因。生理状态下，过氧化物主要由线粒体电子传递链中的泄漏电子与细胞内的氧结合而形成。人体所需能量由线粒体电子传递链产生，这个过程一刻也不能停止。人类的不良生活习惯包括吸烟、饮酒、肥胖及经常食用油炸、烧烤食物等也可以产生一定浓度的过氧化物。新鲜蔬菜水果含有丰富的维生素等物质，这些维生素具有一定的抗氧化作用。这些食物摄入减少可以导致机体抗氧化能力下降。病毒、细菌等微生物感染可以导致机体的免疫反应，不良生活习惯也可以诱发免疫反应。参与免疫反应的各种细胞能够产生大量的过氧化物，可以引发重症肺炎、脓毒血症急症，也可以诱发心肌炎、关节炎、肾炎等自身免疫性疾病。

　　过氧化物是多数慢性疾病的主要发病机制，这些疾病包括慢性炎症、冠心病、心衰、脑血管疾病、糖尿病、慢性阻塞性肺病、恶性肿瘤等，是导致人类死亡及残疾最为常见的原因。由于存在相似的危险因素，这些慢性疾病往往存在合并发生的情况。迄今为止，我们对于大面积脑卒中、慢阻肺、急性心梗及癌症等疾病还没有有效的治愈手段。因此，这些慢性疾病可以同防同治，戒掉不良生活习惯，积极进行抗氧化治疗。

　　本书宜读宜研，详细诠释过氧化物的来源、致病机制及抗氧化措施，阐述人类运动、饮食、烹饪习惯、吸烟、饮酒等各种行为对于过氧化物产生的影响。我们希望以此可以提高人们对于不良习惯危害的认识、预防慢性疾病、推迟疾病发病年龄、健康快乐地生活。

　　因作者的知识及能力有限，该书写作的过程持续达二十年之久。尽管十易其稿、反复修改，该书肯定存在或多或少的错误及需要不断完善的部分，我们希望广大读者不吝批评与指正。

Abstract

Reactive oxygen species (ROS) are the main cause of aging. Under physiological conditions, ROS are mainly produced by the combination of leaked electrons in the mitochondrial electron transport chain and oxygen in the cell. The energy is generated by the mitochondria, and lives need the energy to survive. Some habits of human being, such as smoking, alcohol abuse, obesity, fried and barbecued food can also create some amount of ROS. Fresh vegetables and fruits have some vitamins, such as vitamin C and E, which can eliminate ROS. Reduced intake of fresh foods can lead to declined capacity of antioxidant. Viruses, bacteria infections and bad habits can lead to immune reactions. The immune cells can produce a large number of peroxides, which can cause severe pneumonia, septic emergencies, and autoimmune diseases such as myocarditis, arthritis and nephritis.

ROS is the main pathogenesis of most chronic diseases, including chronic inflammation, coronary heart disease, heart failure, cerebrovascular disease, diabetes, chronic obstructive pulmonary disease and malignant tumor, which are the main causes of human death. One of these diseases often coexists with another disease, due to the similar risk factor. Up till now, we have few known cure for these diseases, such as large-area stroke, chronic obstructive pulmonary disease, heart failure, myocardial infarction and malignant tumor. Therefore, similar prevention and therapy can be used among these diseases, including changing unhealthy lifestyle and antioxidant treatment.

The book is suitable for reading and research. We explain the origin and pathogenesis of ROS. We also provide some antioxidant measures of ROS. The book expounds the impact on ROS of human activities such as sports, diet, cooking habits, smoking and drinking. We wish to improve people's understanding of the harm of bad habits, to prevent chronic diseases, to delay the onset of disease, and to have a healthy and happy life.

Due to the limited ability and knowledge, we have a long writing process, lasting more than twenty years. Although the manuscript has been revised repeatedly, there must be some errors in the book. We hope to hear your advices.

目　录

过氧化疾病概述

感染、外伤、恐惧、辐射都可以引起机体的氧化应激。氧化应激时机体会产生过氧化物，过氧化物包括活性氧自由基和活性氮自由基，两者可以相互转化，都可以简称为 ROS（reactive oxygen species）。过氧化物是冠心病、恶性肿瘤、脑卒中、心力衰竭（以下简称心衰）、慢性阻塞性肺病、慢性炎症等慢性疾病的主要致病机制，可谓百病之源，这类疾病都可以统称为过氧化疾病。以恶性肿瘤为例，所有导致恶性肿瘤的危险因素，吸烟、饮酒、肥胖、病毒感染、慢性炎症等等都可以归结为过氧化物增多，这些过氧化物可以氧化 DNA、氧化蛋白质等生物大分子，引发 DNA 断裂、基因拼接错误、各种催化酶失活、线粒体能量供给受损，导致基因突变、抑癌基因失活、免疫系统功能抑制、肿瘤新生血管形成等，最终形成恶性肿瘤。临床上，几种慢性疾病伴发的情况较为常见，冠心病常常伴发脑卒中、高血压、糖尿病、恶性肿瘤等，其中冠心病伴发恶性肿瘤的发生率可达 21%，证实这些慢性疾病存在相似的致病机制，异病同治、异病同防的理论基础就在于此。因此，尽量减少过氧化物、主动抗氧化就能够预防疾病、治疗疾病。

过氧化物对于机体的危害是不可逆转的，尤其是心脏和大脑——人体最为重要的两个器官。心肌细胞和大脑皮质神经细胞不可再生，一旦出现细胞坏死，心脏和大脑组织无法生成新的细胞。因此，对于心脏和大脑，我们只能尽量预防任何引发细胞坏死的疾病，以减少残疾和死亡。其实，机体的这种设计是无奈之举，也是长期进化的结果。我们所有的记忆存储于脑细胞中，这些细胞如果定期被新的细胞更新，那么，所有的记忆就会遗失殆尽，经过长期训练获得的生存技能也会一朝尽失。心肌细胞除了收缩功能外，还具有独特的电生理特征。心肌细胞之间的联系非常紧密，左右心房和左右心室几乎是一个整体，以保证心脏收缩、舒张的同步性。心脏的结构异常复杂，除了心肌细胞，还有希氏束-浦肯野纤维传导系统、腱索、乳头肌、瓣环、瓣膜、冠状动脉、冠状静脉以及与心脏相连接的主动脉、肺动脉、上下腔静脉系统等等，心肌细胞需要与这些结构密切相连。频繁的细胞更新也可以引起新旧心肌细胞之间电连接异常，引发心律失常。心肌梗死后室早的发病机制与此类似，坏死的心肌内残存少量心肌细胞，与周围的心肌细胞失去了紧密连接，导致电信号传导明显延迟，心肌细胞激动也明显落后，就会出现早搏。

尽管过氧化物是我们人类衰老以及多数慢性疾病最为常见的原因，但是，过氧化物在人体内还是具有一定的生理作用的。白细胞、巨噬细胞等免疫细胞具有吞噬功能，可以帮助人体清除侵入人体的病毒、细菌等微生物。这些细胞吞噬细菌后快速启动过氧化机制，细胞产生次氯酸、过氧化氢等过氧化物质，迅速杀灭细菌。糖尿病患者淋巴细胞、中性粒细胞等免疫细胞内的 6- 磷酸葡萄糖脱氢酶、NADPH氧化酶等酶类功能下降，这些酶类涉及过氧化物产生，从而导致糖尿病患者易感染，感染后也不易痊愈。这些参与固定免疫的细胞的本职功能是"上阵杀敌"，为机体的健康建立第一道防线，而且结局较为悲壮，"杀敌一千，自损八百"。局部炎症较重就会形成脓液，这些脓液在显微镜下就是死亡的中性粒细胞等白细胞。过氧化物具有两面性，既能够杀死入侵的微生物，也能够损伤自身组织细胞，而且过氧化物浓度过高、持续时间过长还会导致重症炎症、自身免疫性疾病，甚至致死。

过氧化物的体内来源

生理状况下，细胞在新陈代谢过程中可以产生微量的 ROS，其中90%的过氧化物由线粒体产生。线粒体电子传递链中泄漏的电子与细胞内的氧结合形成过氧化物，最常见的泄漏部位位于复合体 I 和 III。线粒体的功能与城市里的发电厂较为相似，电厂通过燃烧煤炭或者石油发电，为千家万户提供电能，发电过程中产生的热能又可以供暖。但是，不管电厂规模大小，总会存在一定的空气污染。线粒体通过氧化磷酸化葡萄糖等碳水化合物产生能量，这个过程中产生较多的电子和质子，这些电子和质子通过电子传递链推动线粒体相关蛋白质形成 ATP，即三磷酸腺苷。葡萄糖等碳水化合物产能的效率约为 40%，脂肪酸的效率略低，其余能量用来产热。这个产能过程会发生极少量的电子泄漏，这些泄漏的电子最终转化为 ROS。

加强体育锻炼不会提高线粒体的产能效率，仅能增加细胞内线粒体的数量，而且线粒体数量的增加是有限的。线粒体产生的热量和过氧化物会损害机体的组织器官，特别是短时间内迅速产生，机体可能会被"烧死"。所有依赖线粒体供能的生物都存在这种限制，这可能是人类运动存在着极限的根本机制。所有的运动员，无论怎么练习，都有其项目的"天花板"。"更高、更快、更强"只是我们追求的目标，这些运动成绩不可能越来越好。人类的男子百米比赛，最好成绩是博尔特创造的 9 秒 58！博尔特身高腿长、肌肉发达，下肢与身体的比例较好，完美符合短跑运动员的特质。人们想要超越博尔特就需要肌肉更发达，但肌肉越发达，骨骼、肌腱、关节承受的拉力就越大，这些部位就更容易受伤，甚至遭受骨折、跟腱断裂、半月板撕裂等重伤。巴西足球明星罗纳尔多从家乡转会进入欧洲足坛，为增加对抗能力而不断增重，变成了"肥罗"。足球运动除了需要爆发力，也需要技巧，带球过人需要不断带球变向，变向时关节内及周围韧带受到较大的拉力。罗纳尔多的奔跑速度虽然明显增快，但是，增强的肌肉也加速了关节韧带及半月板损伤。罗纳尔多在以后的职业生涯中伤病不断，其中的道理就在于此。受线粒体效率的限制，未来人类男子百米短跑能够跑进 9 秒以内的可能性微乎其微。

人体细胞的线粒体产能效率维持在 40% 左右，产能效率为什么不能进一步提高？这可能是一种平衡的结果。

如果线粒体产能效率提高 10%，我们人体的肌肉力量可能成倍增加，尽管人类的体育成绩能够大幅度提高，但是我们的机体可能无法承受这种变化。首先，骨骼系统难以承受肌肉的强大拉力，从而引发骨折。为适应这种变化，机体的骨骼系统需要进一步强化，骨皮质变粗，韧带增厚，导致人体体重明显增加，我们可能会变为"绿巨人"。心脏的射血功能也会大幅度提高，低强度的运动可能导致非常高的血压。血压就是血流冲击动脉血管壁形成的，高血压可以引发血管内皮适应性的增生，导致血管管腔狭窄。人体动脉血管系统最为薄弱的部位是脑血管，长期高血压会明显增加脑动脉瘤发病率，从而增加脑出血的风险。

随着线粒体产能效率的提高，我们就可能变成"绿巨人"，迸发出惊人的破坏力

产能效率提高意味着产热减少，我们人类很可能因低体温而导致死亡。机体通过产热和散热将体温较为恒定地维持在 35~37℃ 之间，机体主要通过线粒体燃烧碳水化合物产生热量而升高体温，通过皮肤水分蒸发、呼吸、排尿及出汗等方式散热。如果碳水化合物分解代谢产生的能量多数都以 ATP 形式储存起来，供给细胞合成物质等反应，用于产热的部分极度减少，那么我们的体温就很难维持，可能需要不停地运动、肌肉做功来产热，这种产热方式显然是难以持续的，也不够节约。

体温低于 35℃，机体细胞膜流动性降低，细胞膜上的各种离子通道功能下降，细胞之间的交流减少、出入细胞的离子电流降低，难以形成稳定的电势，大脑神经细胞、心肌细胞、肌肉细胞失去对外界刺激的反应能力，出现意识模糊、意识丧失，心跳减慢或者心脏停跳,最终导致死亡。海上旅行过程中遭遇海难而落水的人们多数死因就是低体温综合征。

当然,线粒体产能效率过低,严重影响机体细胞的功能,我们会出现反应迟钝、体软乏力、下肢水肿等大脑及心脏功能衰竭的表现。碳水化合物分解代谢产生的过多热量也无法让我们顺利度过酷热的夏季。

除了线粒体外,ROS 还有其他来源,包括 NADPH 氧化酶(NOX)系统、黄嘌呤氧化酶系统、环加氧酶(COX)系统等等,这些酶系统相互影响,共同参与过氧化物所致的生理、病理过程。其中,NADPH 氧化酶系统较为重要,NOX 主要在中性粒细胞、巨噬细胞和胸腺细胞等免疫细胞及内皮细胞中表达。TGF-β1 等炎症因子可以刺激 NOX 亚基活化,激活 NOX,产生 ROS。ROS 诱导形成糖基化终产物——AGEs,与 AGEs 受体结合后促进 TGF-β1 表达,形成正反馈调节。高血糖等因素可以活化蛋白激酶 C-PKC,PKC 介导 GTP 结合蛋白 Rac1 活化,Rac1 是 NOX 的活化亚基,激活 NOX,产生 ROS。

NOX 产生的 ROS 可以氧化内皮型一氧化氮合酶(eNOS)的氨基酸残基,这是 eNOS 的磷酸化位点,eNOS 的功能受到抑制,失去产生一氧化氮的能力。同时,eNOS 分裂为两个单体,其功能由合成一氧化氮转变为产生 ROS。ROS 诱发脂质过氧化,抑制环氧化酶的活性,减少前列腺素 I 的合成,加速一氧化氮的降解,引发血管收缩、内皮素合成增加,导致血管内皮功能障碍。NOX 与 COX 系统相互影响。

由于内皮细胞、中性粒细胞、巨噬细胞等细胞数量巨大,且可以在炎症因子作用下快速激活并大量扩增,NOX、COX 等氧化酶系统可以在应激时产生大量的 ROS,对机体组织细胞产生较大的影响,可以导致重症肺炎、脓毒血症,甚至可以致死。

线粒体产生的 ROS 好比是维持我们日常生活必需的生产、发电、运输等产生的污染物,不可避免。但是,炎症细胞在应激状态下产生的过氧化物的危害就强烈多了,这就像外敌入侵,炸弹、燃烧弹、生化武器等等造成的污染,这些污染可以致残,甚至致死。

线粒体：一个神奇的细胞器

线粒体是人类细胞内唯一的可以分裂、自噬、自主的细胞器，并且可以呈现不同的形态：管状、球状、网络状、芽状，而且随着代谢状态的不同，这些形状可以快速转换。线粒体的遗传和形态特征与细胞内的任何其他细胞器均不相同。

除了合成ATP参与能量代谢外，线粒体还可以调节Ca^{2+}摄取、储存及释放，并通过Ca^{2+}调节线粒体内多种酶的代谢。线粒体可以诱导线粒体自噬等病理生理过程，线粒体代谢也会影响细胞核DNA的激活、复制、修复等等。我们对于线粒体的产能方式、电子转运具体通路等机制并没有完全研究清楚。线粒体还是决定细胞死亡的关键细胞器，如果我们对线粒体的某个成分盲目补充、进行某些修复或者功能增强，可能会诱导细胞死亡等灾难性的后果。辅酶Q10的主要成分为泛醌，是线粒体电子传递链上的物质，参与线粒体电子传递与转运。补充辅酶Q10并不能明显改善冠心病、心衰患者的临床症状，也无法降低这些患者的死亡风险。

科学家们高度怀疑线粒体可能是某种DNA病毒或者某种古细菌，在人类进化的早期阶段与人体细胞进行了融合，成为较为重要的细胞器。线粒体为人体细胞提供能量，人体细胞帮助线粒体合成部分蛋白质，并为其DNA复制、蛋白质合成提供模板和酶，互惠互利、共生共存。以下种种特点可以作为证实线粒体为某种DNA病毒的证据。

1.线粒体是细胞内唯一含有DNA的细胞器，其DNA可以编码线粒体呼吸链相关的蛋白质，具有部分的自主代谢功能，可以自我复制与更新。细胞内的其他细胞器核糖体、高尔基体、过氧化物酶体、内质网等均不含有DNA，也没有自主复制的功能。

2.线粒体可以产生线粒体抗病毒信号蛋白，这种蛋白定位于线粒体相关膜及过氧化物酶体，可以通过NF-κB及干扰素调节因子3信号通路诱导干扰素λ（INF-λ）及INF-β的表达，发挥抗病毒感染的作用。只有相对完整的生命体才会产生相应的对抗其他病毒的蛋白质，以提高本种群的生存概率。

3.线粒体DNA与细胞核的DNA并不相同。线粒体基因组内不含组蛋白，几乎呈裸露状态，这种状态的DNA能够较为高效地进行复制、转录和翻译。但是，失去组蛋白的保护，线粒体DNA极易受到自我产生的过氧化物的攻击，引起线粒体DNA断裂、缺失或变异。患者在发生心衰之前，其心肌细胞的线粒体DNA就已经出现损伤，导致线粒体生产ATP减少，影响心肌细胞的代谢。另外，线粒体DNA与人体细胞核内的DNA序列也不相同。线粒体DNA活性基因比例非常高，几乎不含无功能DNA片段，线粒体DNA也不含端粒DNA；线粒体内也没有DNA修复酶。

4.线粒体随着细胞的不同代谢状态而表现各异，线粒体可以分裂，也可以融合、自噬、新生，这些生命状态与病毒出芽、分裂、增殖极为相似。

5.线粒体是细胞策动主动死亡——凋亡的重要细胞器，一旦线粒体功能受损，它就会启动细胞凋亡。

这种共生关系存在着矛盾性，线粒体既可以为我们的细胞提供能量，也可以在产能受损时启动凋亡程序，导致机体细胞死亡。

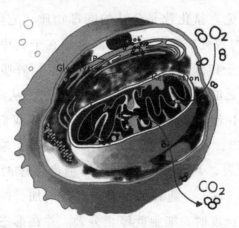

细胞内呈蚕豆样的细胞器就是线粒体，生理状态下过氧化物主要来自线粒体

过氧化物是人体衰老的根本原因

"岁月是把杀猪刀"，这把刀多数情况下是我们自己制造的，刀

片就是过氧化物，而刀柄就握在我们手中。这种刀"不分青红"，可以对我们身体的任何部位下手。这样的刀"冷酷无情"，任何人都躲不过去。如果不节制，你自己制作的这把刀就会更锋利，对自己的伤害就更大。

ROS可以氧化皮肤及皮下的蛋白质、脂肪、多糖等大分子物质，形成难以降解的色素物质，沉积在皮下，产生色素沉着、老年斑。ROS氧化皮下弹力纤维，形成皱纹。ROS氧化肌肉，导致肌肉萎缩。ROS氧化毛囊，导致脱发；氧化黑色素细胞，导致毛发变白。

MnSOD即含有锰离子的超氧化物歧化酶，能够将O_2^-转变为H_2O_2，从而清除过氧化物，保护机体细胞，缺少该酶的大鼠出生后将很快死于过氧化物。ZnSOD功能与MnSOD类似，敲除该基因的大鼠寿命明显缩短，且易患肝脏恶性肿瘤。

在过氧化物的作用下，我们会从翩翩少年、英俊青年逐渐老化为油腻中年，然后衰退为白发老翁，从笔直挺拔、活泼好动到身形佝偻、步履蹒跚。这个过程无法逆转、无法停顿，每个人都将走向衰老、死亡，只是每个人的过程长短不同而已。人体的各个组织器官需要线粒体持续地供能，一旦线粒体停止工作，人体就无法正常运转，死亡不可避免。氰化物是公认的剧毒物质，它可以在30秒内致人昏迷，2分钟内致死。氰化物致死的机制在于其中的CN^-离子快速抑制线粒体的电子传递链，抑制ATP的生成，呼吸肌、心肌、脑组织等重要器官缺乏能量供给、功能被完全抑制，从而导致死亡。

因此，长生不老是不存在的，永葆青春只是我们的梦想。

国外学者提出，端粒是决定细胞寿命的关键，端粒缩短，细胞衰老、不能继续分裂，甚至死亡。人体细胞染色体两端的结构即为端粒，富含鸟苷酸（G）。随着细胞分裂次数增加，端粒逐渐缩短，当端粒缩短到一定长度时，细胞就停止分裂，并在形态和功能上表现出衰老：脂褐素沉积、线粒体失水、DNA含量下降、细胞核转录功能下降等。

正常培养条件下，人体成纤维细胞可以下传40多代。高压氧培养条件下细胞内产生更多的过氧化物，细胞仅能传几代，每次分裂端粒缩短幅度由 90bp 增加到 500bp，细胞呈现出衰老状态。加用维生素 C、维生素 E 及胡萝卜素等抗氧化物能够显著延缓端粒的缩短，明显延长细胞的寿命。端粒中的鸟苷酸因电离能较低而对过氧化物非常敏感，形成 7，8- 二氢 -8- 氧鸟嘌呤，从而影响端粒酶活性和端粒重复序列合成。过氧化物浓度过高时，不仅氧化损伤 DNA 碱基，还会损伤 DNA 的骨架，导致 DNA 断裂，细胞死亡。很明显，过氧化物决定细胞端粒的长度与细胞的命运。

　　同一种培养体系的同株细胞的基因完全相同，端粒 DNA 也几乎一致，但是其细胞分裂、增殖能力并不一致。端粒酶可以延长端粒长度，从而延长细胞寿命。过氧化物则可以切断端粒，导致端粒缩短，降低细胞寿命。在端粒酶和过氧化物作用下，细胞核内的端粒长度处于动态变化中，细胞的寿命也呈现动态波动，这是很难理解的。我们的机体由几百亿甚至上千亿的细胞组成，每类细胞、每种细胞的端粒长度不一，如何决定人体的寿命？另外，科学家们还发现一个很有意思的现象，恶性肿瘤细胞在过氧化物的作用下其端粒较短，然而其细胞存活时间并没有明显缩短，这些细胞甚至表现为"永生"：持续分裂、快速增殖。这就颠覆了"端粒越长，细胞寿命越长"的基本理论。

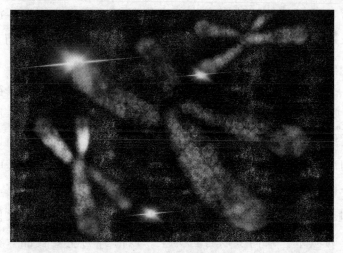

染色体呈X形，染色体末端红色的结构就是端粒，对染色体起到保护作用，端粒对过氧化物非常敏感

快速地停止线粒体工作、阻断过氧化物产生，并在最短时间内将身体制作成木乃伊，这样就可以"永远年轻、永不衰老"，但是需要付出生命的代价。

我们再来分析一下古代的"仙丹神药"，这些丹药是炼丹术士高温冶炼矿石所成，含有大量的铅、汞、砷、铜、金、硫等重金属。炼制丹药并没有改善人们的健康状况，倒是间接地发明了火药，改变了人类战争的模式，从冷兵器进展到热兵器。我们人体确实需要钙、铜、锌、铁、硫等金属离子，这些金属离子可以自由转换氧化和还原状态，参与酶的催化中心，功能极为重要。但是，人体所需的重金属数量非常少，称为微量元素，这些金属离子的代谢也较为缓慢，还存在回收再利用机制，正常的饮食就可以满足机体需要。

如果服用金属离子过多，就会出现相应的铜中毒、铁中毒、铅中毒、汞中毒、砷中毒等疾病。另外，我们的机体并不需要铅、汞、砷、金等重金属，这些重金属的毒性来自其较强的氧化性能。

与秦始皇齐名的汉武帝，雄才伟略、励精图治，对内尊重儒生、实行中央集权、积极兴修水利、传播儒家文化、促进民族大融合，对外重用李广、卫青、霍去病等名将开疆拓土、远征匈奴，最终铸成大汉版图，达到"犯我强汉者，虽远必诛"的境界。然而，伟人汉武帝也难以免俗，喜好神仙、乱服金丹，晚年犯下"巫蛊之祸"。汉武帝的死亡与服用金丹不无关系，他信任方士，不断派人寻仙觅药，不惜花费巨资炼制金丹，并长期服用。

近代著名小说《红楼梦》中有一个重要人物贾敬——贾宝玉的伯父，"一味好道炼丹"。为追求长生不老、得道升天，他长期修炼丹药并大量服用，最终猝死于道观。作者对于他死时情形的描述也符合铅中毒的表现，"肚中坚硬似铁，嘴唇烧的紫绛皱裂"，太医也诊断为"吞金服砂，烧胀而殁"。

20世纪50年代日本水俣湾先后出现了奇怪的疾病，水俣是一个靠近海岸的城市，人们多以打鱼为生，以海鲜为主要食品。在水俣的小渔村中，人们先是发现一些步态不稳、抽筋麻痹的猫，这些猫多数跳入水中溺死，称为"自杀猫"，人们并没有引起重视。几年后，在水俣镇陆续发现了一些患怪病的人，早期表现为口齿不清、走路不稳，发展到一定阶段会出现耳聋失明、全身麻痹，进而精神失常——酣睡与狂躁交替出现，最终身体弯曲呈弓形而死，这种疾病被称为"水俣病"。经过调查，人们才发现，"自杀猫"和这些患者都是与食用鱼类有关。这些鱼被当地的氮肥公司排放的废水污染，这些工业废水中含有大量的甲基汞，在死者尸体、周围海洋的鱼类、"自杀猫"及工厂排污管道出口都检验出了甲基汞。"自杀猫"和水俣病患者都是因进食含超量汞的鱼类而患病，重金属汞无法排出体外，逐渐沉积到中枢神经系统导致中毒。

人不可能长生不老，盲目服用各种仙丹、各种保健品并不会延长我们的寿命，还会导致机体中毒。

人体需要哪些营养物质？

人体所需要的营养物质较为有限，主要包括糖、蛋白质、脂肪、维生素、微量元素和纤维素。这些物质在现实生活中比较容易获取。

严格意义上，纤维素并不是一种营养物质。纤维素虽是一种长链的多糖，但并不能为人体利用，也不能转化为其他物质。纤维素可以吸收水分并膨胀形成很多孔洞的凝胶，凝胶具有较强的吸附作用，能阻止肠道内毒性物质、部分胆固醇、脂肪等物质的吸收，也能够增加粪便的体积，协助排便。苹果、香蕉等水果中含有大量的果胶，其主要结构与纤维素类似，功能也相似，具有吸附毒素、促进排便的功能。

各种树木和绿草中含有大量的纤维素，我们人类无法将其分解吸收，某些食草类动物如马、牛、羊等是可以的。这些食草类动物的胃内含有某些特殊的细菌，这些细菌可以帮助将纤维素分解为葡萄糖等单糖，这些单糖可以再转变为脂肪或蛋白质。因此，牛肉、羊肉、马肉等就成为人类重要的蛋白质来源。

糖类物质包括淀粉、葡萄糖、果糖、麦芽糖等，这些物质都可以转变为葡萄糖。葡萄糖是人体能量的直接供体，特别是大脑，只能由葡萄糖供能，低血糖诱发晕厥就是这个原因。当然，氨基酸、脂肪酸等也可以转变为葡萄糖。氨基酸由蛋白质分解而来，价格较高，由氨基酸转变为葡萄糖来供能并不经济实惠。

蛋白质是机体执行功能的主要物质。人体的各种活动，工作学习、休闲娱乐，主要由蛋白质来执行，各个器官实现其自身功能——运动、呼吸、心跳、胃肠蠕动、尿液形成等等，细胞内酶促反应、信号传导、DNA复制与翻译、细胞运动、细胞增殖与分裂等等都需要蛋白质来完成。

蛋白质是机体内较为理想的载体，蛋白质既含有亲水性氨基酸而易溶入水，也含有亲脂性氨基酸而易与细胞膜、胆固醇等结合，蛋白质的分子量较大，所含氨基酸较多而承载能力较大。蛋白质是机体内最为重要的运载氧气、二氧化碳等气体及胆固醇、脂肪酸、细胞因子、多糖以及药物等物质的载体。蛋白质的装载能力强、适配程度高，可以在血浆、脑脊液、细胞膜等不同介质内运动。

蛋白质的功能主要由氨基酸残基体现，这些氨基酸残基位于多肽链上某些重要的节点，并仍具有本身的特点：水溶性、带电荷、可以在氧化与还原状态之间自由转换等等。半胱氨酸、丝氨酸、苏氨酸、酪氨酸等氨基酸是催化中心较为常见的氨基酸，其氨基酸残基化学性质较为活泼。其他氨基酸残基则构成蛋白质的基本结构，形成某些结构上的特征，以适应催化底物的形态。这些结构是可变的，以保护酶催化中心的氨基酸，并对酶催化做出反应。较为活泼的氨基酸残基常常是蛋白质酶的催化中心，多数位于蛋白质的中心地带，被其他氨基酸包围、保护。发生酶催化反应时，蛋白质结构变化，催化中心的关键氨基酸才会暴露出来。水溶性、带电荷的氨基酸残基往往用来构筑离子通道的内壁，疏水性氨基酸则用来将蛋白质锚定于细胞膜等结构，丝氨酸、苏氨酸、酪氨酸等氨基酸残基经常作为磷酸化、糖基化等修饰的位点，以调节蛋白质的功能。肉类、鸡蛋、鱼虾、大豆等含有大量蛋白质，动物性蛋白质较为优质，含有较多的人体必需氨基酸。

脂肪是贮存能量的物质，葡萄糖被摄入人体后部分以脂肪的形式贮存，饥饿时可以分解提供能量。花生油、豆油、葵花籽油、菜籽油、香油、橄榄油等植物油都是脂肪，猪大油的主要成分也是脂肪。

尽管维生素在机体代谢过程中需要量不大，但其功能极为重要。由于人体无法合成，维生素需要由食物提供。维生素 A 帮助维持视力，主要来源于胡萝卜、蛋类及黄色水果。B 族维生素作为重要的辅助因子参与葡萄糖代谢，这类维生素多见于植物种子的表皮，如麦麸、谷壳、稻糠等。维生素 D 参与骨骼系统的钙磷代谢，多见于动物的肝脏、蛋黄、瘦肉。维生素 E 参与生殖细胞的成熟、发育，与维生素 C 共同为机体提供还原力，这两种维生素是机体清除代谢过程中产生的过氧化物的主要物质，以维持组织器官的正常功能，这两种维生素多来源于新鲜的蔬菜和水果。

铁、镁、钾、硫、锌、硒、磷等微量金属元素常常以氧化 - 还原簇作为蛋白酶的催化中心，功能非常重要，但是，这些物质机体内有一定的储存，而且需求极少。人体还存在回收利用机制。红细胞老化后在脾脏等部位被破坏降解，其中的铁离子会重新使用于新产生的红细胞，成为血红蛋白的成分。由于这些矿物质化学性质较为活泼，人体超量服用后可以出现中毒，我们需要慎重使用含有这些金属元素的药物。普通的饮食基本上可以满足机体对于这些矿物质的需求。

因此，煎饼果子、韭菜盒子、猪肉包子等等简单的食物就可以为我们提供较全面的营养。这些食物主要由面粉制作而成，面粉内主要含有淀粉，在淀粉酶作用下淀粉分解为葡萄糖，为人体提供基本的能量，面粉内还含有 B 族维生素。馅料中的鸡蛋或猪肉可以提供蛋白质，其中的蔬菜则含有维生素、纤维素及微量元素，馅里还有花生油、食盐等，这是脂肪、钠、氯离子的来源。

保健品存在的问题

我们对于保健品的迷信源于对人体所需营养物质的认知缺乏和厂家的卖力宣传。在了解人体所需的营养物质后，我们就可以对某些宣传广告的真伪进行甄别。"××燕窝"零糖、零脂肪、不含任何添加剂，富含营养，孕妇就选"××燕窝"！多么诱人的广告！很多女士结婚后不愿意生育的一个原因是对妊娠期及哺乳期肥胖的恐惧，零蔗糖、零脂肪的燕窝正好符合这种心理——多吃不胖。

燕窝主要成分为蛋白质，约占50%，还有20%左右的碳水化合物及微量的矿物质，维生素极少。燕窝中蛋白质主要为水溶性，与豆类蛋白质较为相似，价格却相差几十倍。这么贵重的保健品其实是营养不全的——不含糖和脂肪，蛋白质为水溶性的，脂溶性氨基酸如亮氨酸、异亮氨酸、脯氨酸、苯丙氨酸、蛋氨酸、缬氨酸、丙氨酸及色氨酸等含量极少。孕妇必须进食营养全面且价格适中的食材以持续为胎儿提供生长发育所需的营养。鸡蛋就是最好的选择，价格低廉、营养丰富，蛋清富含优质蛋白质，蛋黄富含胆固醇、脂肪、维生素、微量元素。蛋类是禽类和爬行类动物的胚胎，内含的全面营养物质保证了其个体的完整发育。

"××核酸"曾经火遍全国，"富含人体所需的核苷酸，有效提升人体的免疫力，调节各个系统的机能，促进身体修复"。其实，核酸、核苷酸并非人体必需的营养物质，人体细胞可以自己合成，不需要通过饮食补充，因此不是"必需"。另外，DNA损伤修复是一个非常复杂的过程，不是补充一下核苷酸就可以的。过多服用核苷酸会增加肾脏负担，产生过多尿酸，增加痛风发病率。

我们可以看出这些广告用语往往含糊不清，比如"营养丰富"——没有说明燕窝或者核酸到底含有什么营养成分。保健与治疗混为一谈——孕妇服用燕窝到底对胎儿发育起到多好的作用？有利于大脑发育，还是强壮骨骼，还是保护心脏？这些广告用语存在夸大疗效的嫌疑：服用核酸能够提升免疫力、促进身体修复，这也是在强调治疗的功效，但是保健品并不具备治疗的作用。

仅仅花钱买点保健品其实无可厚非，关键是某些保健品的宣传完全误导了消费者。高血压、糖尿病、房颤等患者经常被忽悠得不再服用降压、降糖或者抗凝药物了，而是完全依赖保健品！这些疾病不能得到有效控制，冠心病、脑中风、心衰等并发症就不可避免了。另外，经济条件一般的患者，价格不菲的保健品严重影响了正规治疗——患者很可能放弃升级药物或者手术治疗，因为这些措施需要大笔的支出。

鲍翅肚参、鹿茸熊掌等山珍海味所含的营养成分完全可以由其他普通的食物代替，鱼翅、海参、花胶等富含胶原蛋白，与猪脚蹄筋里的蛋白别无二致。昂贵的食物不一定含有更多的营养。正常情况下，人体并不需要人参鹿茸、冬虫夏草等"额外营养"。这些来自大自然的珍贵药材具有某些偏性，并不适用于大多数正常人。中医利用这些药材的偏性来治疗疾病，寒性药物可以泻火，温性药物可以用于滋补。药材是不能用于日常保健的，所有的药材都存在副作用，"是药三分毒"，中药也有一定的毒性。

因此，我们平民百姓一日三餐粗茶淡饭就能很好地活下去。很多人生活简单、清贫，并没有整天滋补，也没有什么特别的保健处方，但是却身强体壮、长命百岁，其生活习惯暗合养生之道：无不良嗜好、饮食节制、动静有度，"高手在民间，气死活神仙"！

延年益寿、停运线粒体？

现实中，人们有没有既可以让线粒体停止工作，又可以让生命延续的方法？

超低温快速冷冻可以将细胞的新陈代谢快速停滞，包括线粒体。科学家们在进行生物基础研究时，经常采用-20℃到-80℃的低温来保存细胞。实验需要时，科学家们将这些冷冻细胞进行复温，细胞的活性与特性基本不受影响。实验结束后，科学家们再次将这些细胞收集起来，然后储存在液氮中进行快速冷冻，这样就可以反复、长期使用这些细胞。

细胞和组织可以使用这种方法贮存，完整的个体包括人体还没有试验成功过。理论上，如果采用液氮快速冷冻人体，将机体保存在-50℃以下，细胞的新陈代谢就可以停滞。复温后组织器官可以重新恢复功能，这样就可以实现生命的延长。这种方法并没有在现实中应用，原因在于其中存在较大的社会问题。

晚期恶性肿瘤、心衰、呼吸衰竭等疾病目前还没有办法根治，将来可能有机会解决。采用快速低温冷冻来暂停患者的生命活动，几十年后再对其进行复温，届时借助更为先进的科学技术来"治愈"这些疾病，这些患者就可以开始新的生活了。

然而，理想很丰满，现实很骨感。患者苏醒后会遇到相当大的麻烦，社会关系将全部发生变化，多数同龄的亲戚朋友可能已经去世，儿子甚至已经比自己还老了，孙子的年龄可能与自己相仿，重孙可能都不会认识他。养老、医疗、法律、银行、保险、职业等社会档案在这几十年内将完全是空白，这些政策是否已经发生了变化？另外，我们人类是群居性动物，如果没有了玩伴、朋友，我们将陷入孤独无助、焦虑绝望的状态，这种状态下的生存将毫无意义。

几十年的变化实在是太大了，各式新潮生活、各种流行语言、无数新鲜科技会让人无所适从。如果不能快速地学习、积极融入社会，那么我们终将被社会抛弃，像祥林嫂一样孤独、痛苦地活在回忆当中，人体衰老也会明显加快。另外，人类可能永远无法治愈恶性肿瘤、心衰等疾病。关于这些疾病的治疗，我们后面还会详细叙述。因此，通过这种方式来延长生命，社会意义并不大。

虽然死亡不可避免，但是减慢新陈代谢、减少 ROS 形成还是可以做到的，这样就可以明显延长寿命。

我们的很多行为会影响线粒体产生过氧化物，运动、紧张、兴奋可以增加过氧化物生成，睡眠、静坐能够减少线粒体产生过氧化物。线粒体生产过氧化物的速度可以粗略地用心率来衡量，一般情况下，心跳越快，新陈代谢就越快，产生的过氧化物就越多；减慢心率就会降低新陈代谢，减少过氧化物产生。食物的加工方式不同，食物形成过氧化物的数量不同。加工食物的温度越高，食物成熟的过程中产生的过氧化物就越多。吸烟、大量饮酒也会产生过氧化物，对健康造成不利影响。当然，我们的机体也存在相应的抗氧化机制，过氧化物酶就有很多种，过氧化氢酶、超氧化物歧化酶、谷胱甘肽酶等等，这些酶类可以将过氧化物还原为过氧化氢，后者在过氧化氢酶作用下转变为水和氧气。另外，葡萄糖的磷酸戊糖途径也可以提供较为强大的还原力。

我们追求养生保健,就是尽量减少过氧化物的产生,增加机体抗氧化能力,这样,我们就可以远离慢性疾病,就能够达到健康、长寿。

遗传因素与慢性疾病

慢性疾病是多基因遗传疾病

为了群体的生存，人体的血压、血糖、心率、细胞分裂、增殖等生命攸关的指标不能由单个基因控制。如果由某个基因来控制某一个生命体征，那么这个基因一旦发生突变将会危及生命，多数个体的死亡将会影响整个种群的生存。

因此，遗传因素在恶性肿瘤、冠心病、高血压等慢性疾病中的作用远没有想象中的那样大。这些慢性疾病都是多基因疾病，多个基因参与了慢性病的发生、发展，而单个基因的作用并不明显。

2014年《新英格兰杂志》的一项研究结果给我们以较大的启示。这项研究主要检测宫颈鳞癌基因突变情况，入选115例宫颈鳞癌标本，全基因扫描可以检测到MAPK1、HLA-B、EP300、F-BXW7、TP53、ERBB2等6种基因突变，占比分别为8%、9%、16%、15%、5%、6%，另外，还有41%的肿瘤标本并未检测到基因突变。这项研究证实了几个问题，第一，参与恶性肿瘤形成的基因较多，恶性肿瘤并非单基因疾病。尽管病理诊断都是宫颈鳞癌，但115例样本中就可以检测出6种基因突变，而且这些基因分布较广泛。如果扩大样本量，那么会有更多的基因突变被检测出来。第二，恶性肿瘤不一定伴随基因突变。恶性肿瘤的发病机制并非如教科书描述的那样经典：所有的癌变都分为两步，第一步癌基因突变；第二步抑癌基因突变。在这些样本中还有相当大的一部分病例（41%）并没有检测出基因突变。

只要存在促进细胞分裂、增殖的因素，或者同时存在抑制凋亡的因素，以及抑制细胞周期的基因表达降低都可以导致肿瘤形成。佛波酯是公认的强致癌物，能够持续激活蛋白激酶C（PKC），PKC可以磷酸化蛋白酶的丝氨酸或苏氨酸并将其激活，这些蛋白酶可以加速细胞运转周期，从而促进细胞增殖，抑制细胞凋亡，促进肿瘤的发生。在肿瘤形成的过程中，佛波酯并未引起细胞基因突变。

单基因控制生命指标风险较大

血压是人体最为重要的生命参数之一，维持血压的基因众多。如果只有一个基因来控制，那么在人体遭受病毒、过氧化物等攻击后，这个基因就可以发生突变，可能引发恶性高血压或者顽固性低血压。恶性高血压引起高血压危象、急性心功能不全等临床急症，甚至导致患者死亡。顽固性低血压可以引起机体各个器官灌注不足，导致低血压休克，甚至死亡。调节血管张力、呼吸、心率、心肌收缩力的基因以及调控血管活性的细胞因子的相关基因，以不同的作用方式参与血压的调控。血管紧张、缺氧、心跳增快、心肌收缩增强、内皮素、血管紧张素、肾素、醛固酮等激素分泌增加都会导致血压增高。因此，即使这些基因中的某一个基因发生突变，机体的血压也可以继续维持相对正常的水平，保证个体的生存。血糖、心率、呼吸、体温等基本生命参数都是多基因控制，这样就可以保证机体的安全运行，保障人类能够生存下去。

当然，临床上也有单基因疾病，血友病就是典型代表。血友病发病原因是编码凝血因子的基因发生突变，突变后机体不能产生凝血因子或者产生的凝血因子功能较差，病人可以发生自动出血，或者轻微碰触就出血不止。尽管治愈血友病的原理很简单，将正常的凝血因子基因转染到细胞内，细胞能够分泌凝血因子，患者就不会出血了。但是，现有的技术手段还没有办法应用于临床。第一，没有合适的载体。血友病基因较大，需要较大的病毒作为载体才能将基因完整地转运到细胞内。病毒容易变异，病毒具有潜在的致病性，这些问题限制了其临床应用。迄今为止，我们还没有找到比病毒更好的其他载体。第二，转染的基因难以稳定表达、难以调控。正常情况下，基因表达需要调控，机体需要多少就会反馈给相应的基因，相应的基因进行转录、翻译，最终合成蛋白质。当蛋白质达到一定的浓度后，机体将相关信息反馈给抑制基因，再将基因关闭，蛋白质停止合成。转基因治疗并不是用正常基因去替代病变基因，而是将正常基因装入病毒中，转染细胞后，依靠病毒产生凝血因子。动物实验中，转基因细胞往往存在病毒滴度太低的问题，不能产生足够的治疗剂量的凝血因子。因此，基因转染治疗单基因疾病还不够成熟，距离临床应用还有很长的一段路要走。

环境因素在慢性疾病中起到决定性作用

我们可以看出遗传因素在这些慢性病中不能发挥太大作用。那么，什么因素在这些慢性病的发病中起到主要的作用？环境因素是慢性疾病的决定性因素！所谓环境因素包括人类居住的大环境和个体生活的小环境，大环境如全球气候变暖趋势、空气污染、饮用水污染、周围噪声等等，这些大环境的现实状况短期内难以彻底改变，我们个人无能为力，甚至国家层面也很难有所作为。涉及气候变暖的全球会议，中、美、俄、英、法等影响力较大的主要国家都没有达成一致。2020年，美国出于自身考虑，还单方面退出了《巴黎气候变化协定》。

相同大环境下，个体之间的发病情况差别却非常大，原因就在于小环境的差异，小环境的状况是每个人的生活习惯决定的。几支香烟就可以把出租车弄得乌烟瘴气，爆炒几个青菜就可以满屋油烟。与大环境污染相比较，因居住空间的狭小，这种污染持续时间长、污染物浓度高，对于机体的危害明显更大。

饮酒、腌制食品、运动减少尽管不会污染环境，但这些行为可以危害身体健康，而且也会影响密切接触的家人。恶性肿瘤、冠心病呈家族性聚集，并非指这些疾病的遗传，而是指家族成员都有相似的生活习惯。因此，个人的生活习惯在疾病发生中起到了主要作用。

危险因素就是个人的小环境

幸运的是，多数慢性疾病我们都可以找到相应的危险因素，吸烟、饮酒、炎症、运动减少、肥胖、高盐、高胆固醇饮食等等。

危险因素就是可以明显增加慢性病发病率的行为，这些行为就是我们的生活习惯，构成了我们生活的小环境。这些危险因素大多数会导致机体产生过氧化物，也可以直接产生过氧化物。改变我们的不良生活习惯就是要改掉这些行为，就是为了改善我们生存的小环境、为了阻断这些不良习惯传递到我们的后代。

因此，只要戒掉或者改变这些不良习惯，临床上常见的慢性疾病就可以推迟发病，或者终生不会发病。

正确宣传科技力量

我们应当全面、客观地宣传科技的作用，不能过分地强调科学技术的先进性、过多地宣传手术的成功率，而很少提及手术的并发症，或者从不提及如何预防疾病。这样的宣传很容易误导人们，给人以错误的感觉——任何疾病似乎都有治疗的方法、任何疾病似乎都是可以治好的。事实上，临床医生能够治愈的疾病仅仅占所有疾病的1%左右，多数疾病只能够达到控制疾病的程度，恶性肿瘤等疾病甚至无法减缓疾病进展，过度治疗还会加速患者的死亡。

现代医学还存在明显的局限性，远远没有达到理想的目标。现代的科技可以帮助我们实现心脏、心肺联合、肾脏、肝脏等高难度移植手术。先进的科学技术也可以帮助我们实施各种各样的治疗恶性肿瘤的方法，Car-T免疫疗法、微创手术、射频手术、介入栓塞、粒子放疗、伽马刀、速锋刀等等，直线加速器、螺旋加速器、质子重离子加速器等先进设备为精准肿瘤放疗提供支持。但是，这些治疗方法并非特异性杀灭肿瘤细胞，而是以损伤周围正常组织甚至其他器官功能为代价的。因此，恶性肿瘤患者的死亡率并没有明显下降，恶性肿瘤患者的存活状况并没有得到根本性的改善。

器官移植也带来了很多问题。理想的移植器官应当来源于患者本人，从患者体内取出一个细胞，然后进行逆分化形成干细胞，再进行定向分化，生长出所需的器官。针对心衰患者，我们可以定向分化并培养一个心脏，然后移植到患者体内。这种移植方式不会发生排异反应。然而，心脏的发育过程异常复杂，从原始的心管到具有四个腔室的心脏，中间需要经历扭曲、融合、生成、再吸收等分化过程，从结构简单的管状器官发育成包含心肌、瓣膜、血管、传导系统等的球状的器官，其中涉及的基因多达几千个。这些基因的开放、关闭存在时间和空间上的重叠，我们利用计算机都无法模拟这个复杂的过程。另外，心脏周围的肺脏、胸腺等器官对于心脏的发育起到了极为重要的诱导作用。没有肺脏等器官的诱导，体外培养的心脏难以充分发育，其功能也就很难保持正常。

我们并没有掌握器官定向分化技术，现在只能进行完整胚胎的培养，等到胚胎完全生长为胎儿，这时候的心脏才能够具有完整的功能。虽然心脏功能较为完整，胎儿的心脏还是太小，无法移植给成人。只有到十六岁以后，心脏大小才与成人的相似。但是，这种心脏是无法应用于临床的，我们不可能牺牲一个人的生命来获取心脏，这严重违背了社会伦理和国家法律！美国电影《克隆岛》描述的就是克隆人逃离荒岛的故事。一群科学家在一个荒岛上建立了一座克隆工厂，利用克隆技术将某些 VIP 的身体细胞进行反向分化，生产出另外一个小型的完全相同的"VIP"，然后在人工"子宫"内进行发育。克隆人长大后的命运就是被处决，科学家们取出相应的器官再移植给 VIP，这些 VIP 多数是身患绝症的成功人士。尽管这些男男女女的克隆人最终逃离了克隆岛，但是这部血腥的电影发人深思：科学技术既可以造福人类，也能够助纣为虐！

同卵双生之间的器官移植疗效虽然较好，但现实工作中的这种情况非常罕见。排异反应最强的就是异体移植，也就是完全没有血缘关系的两个人之间的器官移植，预后也较差。抗排异药物完全抑制机体的免疫反应，肺部感染的概率大大增加，恶性肿瘤的次生概率也较高。

ROS对于机体的危害

ROS 损伤 DNA，引起细胞功能异常，也可以引发基因突变，导致恶性肿瘤。

DNA 是细胞内的遗传物质，是细胞生存、代谢、增殖的物质基础。DNA 损伤可以导致细胞代谢异常、细胞死亡以及遗传物质改变。人体 DNA 存在于细胞内的线粒体和细胞核两个部位。

线粒体 DNA（mtDNA）编码线粒体氧化呼吸链的蛋白质，维系线粒体的基本功能。mtDNA 没有组蛋白的保护，均为编码基因，缺乏无编码区，线粒体内没有 DNA 修复酶，而且线粒体又是产生过氧化物的主要部位。因此，mtDNA 最容易受到过氧化物的损伤，又无法得以及时修复，从而引起遗传信息缺失、突变，导致线粒体功能受损，甚至引起细胞凋亡。不良生活习惯所产生的 ROS 会加重线粒体 DNA 的损伤。在正常细胞突变为恶性肿瘤细胞的过程中，线粒体是最常见、也是最先出现的遗传物质变异的部位。

DNA 是蛋白质的模板

细胞核内的 DNA 是人体的主要遗传物质，细胞代谢、增殖、维持正常功能都需要细胞核内 DNA 维持。DNA 是机体所有蛋白质的模板，人们摄入到胃肠道内的各种蛋白质包括肉类、鱼虾及植物蛋白必须经过胃肠道的消化，最终分解为氨基酸才能吸收入血，氨基酸进入细胞后，根据需要，按照人类基因转录出来的 mRNA 模板重新合成蛋白质。

机体之所以这么费力地将蛋白质消化为多肽，再将多肽分解为氨基酸，然后再消耗能量来重新组装蛋白质，主要原因有两个：一是减少过敏概率。如果机体胃肠道直接将我们所吃的鱼虾、豆腐等蛋白质吸收入血，由于其蛋白质与人体所需蛋白质差别太大，这些直接进入血液的异种蛋白质就会引发皮疹、哮喘等过敏反应。我们人类的食谱如此复杂，却很少发生食物过敏反应，得益于我们胃肠道的彻底消化作用。第二个原因是维持人类的基本外形特征和功能。人类的外形类似，但每个人的长相都不一样，原因是我们遗传了父母的多数基因，而少数基因发生了改变。我们在生长的过程中，机体会按照我们自身的 DNA 来重新合成蛋白质。氨基酸等原料可以来源于豆腐、猪肉或者鱼虾，这样就避免了"吃猪肉变八戒"的情况。另外，在不同生理状态下，机体可以根据需要合成或者降解某些蛋白质，以精细调节细胞代谢。

机体保护基因的措施

细胞核外面包裹的核膜由内外两层平行的单位膜组成，内外膜之间有核周隙。面向胞质的外膜表面附有大量的核糖体颗粒，核周间隙与内质网腔相通，作为内质网膜的一个特化区域。面向核质的内膜表面光滑没有核糖体颗粒。核的内外膜在一些位点上融合形成环状开口，称为核孔。核孔是由许多蛋白质构成的复杂结构，对进出核孔的物质具有严格的调控作用。细胞类型不同和细胞生长阶段不同，其核孔数目有较大的差异。核孔是沟通核质与胞质物质交流的渠道，可以选择性地转运物质，对细胞的活动起重要的调控作用。

核膜为真核细胞的染色质提供了一个稳定的环境，将基因的信息翻录成信使 RNA（mRNA）的过程就是转录，细胞根据 mRNA 模板信息将一个个氨基酸连接起来形成蛋白质，这个过程被称为翻译。细胞通过转录和翻译，将细胞核基因的指令传递到细胞内及细胞外。在真核细胞中，转录与翻译在不同区域进行，只有剪接好的 mRNA 才会运到胞质中，指导蛋白质的合成。mRNA 剪接是真核细胞基因组信息传递的重要一步，同一基因由于剪接方式的不同而最终产生不同的蛋白质。

DNA 并非裸露在细胞核内，DNA 是缠绕在组蛋白上的，组蛋白对于 DNA 具有保护作用。DNA 经过折叠、压缩，形成棒状的染色体，这种形式的 DNA 不能进行复制或转录，处于无功能或功能低下状态，折叠状态下的 DNA 不容易受到过氧化物等物质的攻击。当某个基因复制或转录活跃时，组蛋白从 DNA 上脱落下来，这部分 DNA 解旋、裸露，转录因子、DNA 复制酶就可以结合上去进行基因的表达，其余部位仍处于折叠状态，这样可以保护大多数功能 DNA。因此，较为活跃的基因突变概率相对较高。

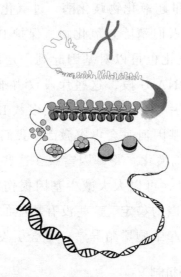

DNA 缠绕在组蛋白上并折叠形成染色体，细丝状的物质就是 DNA，黄色的圆饼状物质是组蛋白，对 DNA 起到重要的保护作用

呼吸、消化、泌尿系统的上皮细胞及血液系统的各类血细胞新陈代谢较快，细胞核内有关细胞增殖、分裂的基因较为活跃，这些基因受到 ROS 损伤的概率较高，突变的概率也较高。与细胞增殖、细胞周期相关基因多数是癌基因，这些基因突变后细胞就不停分裂、增殖，形成肿瘤。因此，临床上这些系统相关的恶性肿瘤较为常见。心肌细胞、神经元等细胞不再分裂、分化，属于永久细胞，这些细胞增殖、分裂的相关基因处于静默状态。这类细胞受到 ROS 等攻击后就会损伤甚至死亡，不再有新生细胞代替，这些细胞组成的相应器官的恶性肿瘤就极为罕见。

细胞内含有 DNA 修复酶，在 DNA 受损时，修复酶可以及时发挥作用，将突变的核苷酸切除，及时补充正常核苷酸，以保证 DNA 的稳定性。机体的 DNA 就像自行车一样，"新三年、旧三年、修修补补又三年"。过氧化物浓度过高，DNA损伤程度超过修复酶的能力，甚至过氧化物可以直接氧化修复酶使之失活，DNA损伤就不可避免，组织器官功能下降，甚至衰竭。多处基因、反复损伤可以明显增加恶性肿瘤的发病率。

细胞内还存在大量超氧化物歧化酶、过氧化氢酶、谷胱甘肽酶等抗氧化的酶类，可以及时清除过氧化物，保护DNA。

另外，DNA荒漠化也可以对基因起到一定的保护作用。基因就是具有转录活性的DNA片段，这些片段仅占细胞核DNA的1%左右，就像荒漠中的小片绿洲，其余的绝大多数DNA在成年后几乎没有功能，这些沉默的基因何时会再次激活，我们对此所知甚少，这个现象被称为DNA的荒漠化。将基因雪藏在这些荒漠中，在机体遭遇ROS或者病毒攻击时，可以大大减少基因损伤的概率，从而最大限度地维持细胞核内基因的稳定。这些没有功能的基因即使被氧化，发生了突变，也很少引起细胞增殖异常，不会引发细胞代谢异常。

ROS损伤DNA的机制

裸露的DNA对ROS最为敏感，容易受到ROS的攻击而引起损伤。ROS可以与DNA的任何成分发生作用。

1.切割核糖链，导致其断裂，引起遗传物质的缺失，或者核糖链被错误重新链接引起基因倒置、融合、重排或交联，导致基因性状的改变。

2.氧化核苷酸。人体的基本遗传物质是由腺嘌呤（A）、鸟嘌呤（G）、胞嘧啶（C）及胸腺嘧啶（T）四种核苷酸或其衍生物组成，基因则是这几种遗传物质不同的排列组合所形成。ROS可以与任何一种核苷酸发生氧化反应，引起核苷酸变化，形成另一种核苷酸或者类似物，导致遗传密码改变。嘌呤被氧化后变为氧化嘌呤，与嘧啶的空间结构和性状较为相似，可以引起错配。

3.氧化DNA修复酶、组蛋白等蛋白质，引起修复酶或组蛋白变性、功能减低或丧失，导致损伤、断裂或错配的DNA不能及时修复，正常DNA不能得到足够的保护。组蛋白与DNA分离后进入细胞浆，可以对细胞产生较大的毒性。

ROS 氧化 DNA 后可以引发不同程度的后果。

超高浓度的 ROS 可以直接将 DNA 双链切断，导致细胞死亡。在遭受美国原子弹袭击后，日本长崎市短时间内几十万人死亡。原子弹核爆中心高温可以直接将人体气化、焚烧。核爆中心附近的核辐射的高能射线可以将人体细胞核内的 DNA 双链打断，直接导致细胞死亡；电离辐射诱发的高浓度 ROS 也可以损伤 DNA，引发细胞死亡，这些损伤直接导致人体死亡。

远离核爆中心的人们也受到了不同程度的辐射照射，这些射线可以切断 DNA 的单链，产生较多的断口，一旦连接错误就会导致基因突变。同时，电离辐射还会产生大量的 ROS，ROS 也可以加速基因突变或者基因失活。如果癌基因被激活，抑癌基因失活，细胞可能会无序增殖，导致细胞突变。这些经受核辐射存活下来的人，其肿瘤发生率较正常人群明显增高。

基因突变呈现随机性

令人困惑的是，即使肿瘤类型相同、部位相同，不同患者的恶性肿瘤细胞中也没有发现一模一样的突变基因群。恶性肿瘤细胞内突变基因种类非常多，可以达十几种或者几十种。科学家们采用高通量测序技术对不同小细胞肺癌患者病理标本进行检测，结果发现了多达 81 个突变，其中 62 个为非同义突变，11 个为肿瘤体细胞常见突变，8 个为错义突变。这些突变基因包括线粒体基因、细胞核内的基因，这些基因与细胞的增殖、分裂、能量代谢、凋亡、血管新生、细胞因子调控等相关。突变基因的多样性是肿瘤临床表现千差万别的根本原因，也是出现肿瘤治疗效果巨大差异的主要原因。

那么，为什么会出现这种现象？

突变基因的多样性反映了基因突变的随机性。基因突变最常见的原因是 ROS，ROS 损伤细胞 DNA 是随机的。

不良习惯产生的 ROS 长期作用于机体细胞，本身就是一个筛选过程：ROS 既可以杀伤细胞，又可以引起细胞突变。只有那些能够耐受 ROS 的细胞才能存活下来，这些存活细胞因 ROS 的作用，其基因可能发生了突变，而只有细胞表面抗原与原细胞相似的突变细胞才能存活下来。那些突变明显的细胞产生了全新抗原，容易被免疫细胞识别，随后就会被清除。

ROS 损伤 DNA 呈随机性

ROS 损伤 DNA 的时间、部位和剂量完全是随机的。在细胞内，某个时刻、某个基因的激活也是随机的。基因处于激活状态时，组蛋白从 DNA 上脱落下来，折叠的染色体打开，这样，DNA 复制酶才能结合上去。这种状态下的基因较容易受到 ROS 的攻击。细胞代谢过程中较为活跃的基因发生突变的可能性较大。

DNA 修复酶可以发现并纠正基因突变，但是 ROS 也可以氧化 DNA 修复酶，导致其功能减低或者失活。细胞内抗氧化酶可以清除 ROS，但是其能力也是有限的，短期大量 ROS 可以直接损伤抗氧化酶类，也可以损伤这些酶的编码基因，导致其功能失活。

ROS 的浓度也存在随机性。烧烤类食品含有大量的 ROS，如果我们聚餐时喝白酒、吃烧烤，同时还吸烟，这时体内的 ROS 水平肯定会明显增高。而当我们处于睡眠状态时，呼吸减慢、心率降低、心肌收缩力下降、血压偏低，整个机体新陈代谢处于极低水平，ROS 浓度也随之明显降低。

人体的状态也呈现随机性，炎症、高烧、病毒感染、射线照射、营养不良、接触毒物等状况都可以明显增加机体的 ROS，同时机体的抗氧化能力下降。RNA 病毒感染侵入细胞内，病毒增殖需要依赖人体细胞的整套复制系统，病毒需要插入人体 DNA 内，并以 DNA 作为模板进行复制，复制需要的酶也由人体细胞提供。病毒感染也会触发机体的免疫反应，也会产生大量 ROS。病毒插入人体 DNA 也存在随机性，病毒插入部位如果正好位于基因的启动子区域，下游基因就可以被激活。如果病毒整合到了基因的中间位置，基因就可能失活。乳头状病毒感染与宫颈癌、EB 病毒感染与淋巴瘤具有高度相关性，表明病毒参与了恶性肿瘤的发生与发展。这些随机发生的事件会明显增加 DNA 突变的随机性。

机体的免疫系统也存在随机性，病毒感染可以抑制免疫系统，导致淋巴细胞减少，HIV 病毒甚至可以摧毁机体免疫系统，导致获得性免疫缺陷综合征（AIDS）。过度饮酒可以抑制免疫系统。充足的睡眠有利于保持免疫系统功能，经常性失眠则会降低免疫功能。激素、环孢素、环磷酰胺等抗排异药物可以不同程度地抑制免疫反应，导致真菌、霉菌、原虫等感染。

免疫系统筛选突变细胞

免疫系统对于突变细胞也可以进行筛选，我们人体每天都会有细胞发生突变，但不是所有的突变细胞都能够生存下来。突变细胞的表型如果发生了明显改变，产生了特异性抗原，这些抗原就可以被免疫细胞识别。这就像我们喂养的宠物狗，如果狗子变异为老虎，叫声低沉、犬齿变长，皮毛呈黄黑相间的条纹。人们很容易发现这种变化，并很快会将其除掉。这类突变细胞会引起明显的免疫反应，自然杀伤细胞能够及时发现这些细胞，将其吞噬清理。这类突变细胞也可以引发淋巴细胞产生相应抗体，与细胞表面的抗原结合，将其消灭。

如果细胞突变后，其细胞表型变异不大，或者没有产生特异性抗原，这样的细胞就不会引起机体的免疫反应，就可以躲过免疫细胞攻击、逃过免疫监视，这些变异细胞就能存活下来，最终形成恶性肿瘤。如果宠物狗的外形没有发生明显变化，只是返祖变为狼的野性，表面上忠心耿耿，背后偷鸡摸狗、毁家拆房，甚至开门揖盗、对主人图谋不轨，那么，主人家就危险了。

宠物狗皮毛发生突变，容易识别

人体抗氧化能力存在明显差别，我们经常可以遇到有些长寿老人吸烟、饮酒、吃肥肉，样样俱全，而身体依然较为硬朗。其中的原因可能是这些老人的身体具有较强的抗氧化能力，机体内的超氧化物歧化酶、过氧化氢酶等酶类活性强，编码这些酶类的基因较为强大。当然，如果没有这些不良嗜好，这些老人的寿命可能会更长、生活质量会更高。

食物与烹饪方式

我们的食物中含有大量的抗氧化物质，新鲜的蔬菜水果含有大量的维生素 C 及维生素 E，深海鱼油、橄榄油、花生油等含有不饱和脂肪酸及维生素 E，新鲜的肉类也含有一定的维生素，肉类中的蛋白质分解为氨基酸后，胱氨酸、半胱氨酸等也具备一定的抗氧化能力。这些物质为我们人体提供营养，同时可以清除过氧化物，我们每餐的食物并不相同，摄入的抗氧化物质也就不会相同。

食物的制作方式对于维生素及不饱和脂肪酸的破坏程度不同，食物加工过程也会产生过氧化物，不同的加工方式产生过氧化物的量可能相差几倍甚至十几倍。现代厨房的厨具非常多，炒锅、煎锅、蒸锅、烤箱、空气炸锅、电饭锅、微波炉、电磁炉等等，这些厨具加工食物的方式和温度差别较大。关于烹饪方式的影响，我们后面还会详述。目前，我们还没有相应的检测人体抗氧化能力的可靠指标，我们对于自身的抗氧化能力并不了解。过氧化物对于机体的危害是不可逆的，对于烟草、酒精等过氧化物，我们需要谨慎对待，尽量戒掉。

恶性肿瘤临床表现各异

正常代谢情况下，人体细胞产生的 ROS 极少，机体内存在超氧化物歧化酶、过氧化氢酶等可去除 ROS 的物质，所以恶性肿瘤在人群中的发生率并不高。临床上，肺癌是最为常见的恶性肿瘤，其在人群中的发生率约为 283/10 万，也就是每千人中仅有 2.83 个人会患肺癌。但是，吸烟、饮酒、肥胖、糖尿病等危险因素会成倍增加机体的ROS 水平，大大增加这部分人群的患癌概率。由于 ROS 损伤 DNA

的随机性、机体免疫反应的差异性及人体抗氧化能力的千差万别，每个肿瘤患者会形成不同的肿瘤干细胞，导致治疗上的困难。我们经常可以遇到来自同一个家庭的多个恶性肿瘤患者，虽然都嗜好吸烟，但是其临床表现明显不同，可以表现为肺癌、胃癌、胆管癌、食管癌等不同类型的肿瘤。

从这个角度讲，肿瘤的免疫治疗应该是无效的。后面我们还要列举免疫治疗的有效性非常低，而且毒副作用非常大。免疫治疗主要通过人体的防御机制或生物试剂的作用，调节机体的免疫反应，达到抑制或清除肿瘤的目的。数十年的临床恶性肿瘤病理研究结果证实，恶性肿瘤细胞特异性的抗原是不存在的！机体难以识别肿瘤细胞，肿瘤细胞躲过了机体的免疫细胞的监视，否则肿瘤就无法产生，也不能长大。

ROS 损伤蛋白质，导致衰老，导致肿瘤形成

蛋白质是执行机体功能的主要分子，这些功能包括喜怒哀乐、吃穿住行等宏观行为，也包括维持基本的新陈代谢、细胞增殖、分裂、迁移、细胞间的信号传导、免疫反应等微观行为。蛋白质出现任何功能异常，都会影响机体功能。

ROS 损伤蛋白质是人体衰老的根本原因。新陈代谢过程中产生的微量 ROS 可以氧化我们机体的蛋白质。浓度较低的过氧化物导致人体衰老，浓度较高的过氧化物可以引起基因突变致癌，超高浓度的过氧化物可以直接致死。

过氧化物可以氧化皮肤的弹力蛋白，导致其纤维断裂、皮肤弹性降低，尤其是面部皮肤。由于弹力蛋白断裂，面部产生表情时出现皱纹，表情恢复后这些皱纹也不能消失。

过氧化物损伤皮脂腺的基底细胞，导致细胞功能受损，油脂分泌减少，皮肤失去光泽。

过氧化物还可以氧化蛋白质、色素、核酸、多糖等生物大分子物质，再被糖基化，形成糖基化产物。这种物质在细胞内无法完全代谢为 CO_2 和 H_2O，最终会沉积下来，形成色斑并影响细胞的正常功能。神

经细胞内的这种物质沉积过多，神经细胞的功能就会受到影响，出现记忆减退、定位失常、认知障碍等表现，甚至导致老年痴呆。过氧化物氧化听神经及与听觉相关的中枢，诱发听力下降及耳聋。皮肤内的糖基化产物过多，沉积到表皮就会形成色斑，这些色斑逐渐增多、色泽加深，最终形成老年斑。

过氧化物还可以氧化肌肉组织的肌动蛋白，导致肌肉萎缩，肌肉失去弹性，收缩功能下降，运动功能减弱。过氧化物氧化成骨细胞，引起成骨细胞功能降低，甚至凋亡，导致骨质疏松。

过氧化物可以损伤心肌细胞导致心脏功能逐渐下降，氧化冠脉内皮细胞，引发粥样硬化斑块形成，导致血管狭窄，运动时就可诱发心绞痛。心脏功能下降、心绞痛频发，导致运动能力下降。

ROS可通过氧化作用、硝基化作用、亚硝基化作用、氯化作用修饰氨基酸改变蛋白质结构，损伤其生物学功能，导致软骨细胞死亡。ROS抑制软骨蛋白聚糖的合成，ROS可以氧化透明质酸、蛋白聚糖核心蛋白、硫酸软骨素等细胞基质，导致其片段化，增加纤维脆性，产生关节软骨疲劳损伤。ROS诱导基质金属蛋白酶的合成和分泌，导致软骨周围基质降解、软骨细胞损伤。

ROS降低软骨细胞对生长因子的刺激作用，干扰软骨细胞和细胞外基质应答，增加软骨细胞凋亡。ROS可以直接损伤DNA影响软骨细胞复制、增殖，诱导细胞衰老及凋亡。ROS也是运动相关的韧带撕裂、疲劳性骨折、关节劳损的主要原因。

NBA是世界上水平最高的篮球运动联盟，乔丹、科比、汤普森、库里等球星更是为人们带来了超高技巧、超强能力的篮球盛宴。但是，高强度对抗、高密度比赛日程、较长比赛时间给各位运动员尤其是球星们带来了较多的伤病。这些知名球星是队内的主力，技术全面、心理素质过硬，往往是主教练频繁使用的队员。没有几个球星是健康的，或多或少地受过外伤，甚至遭受过韧带撕裂、肌腱断裂、骨折等重伤。不知疲倦的防守、突破带球、急停跳投、扣篮、盖帽、抢篮板等都需要消耗大量的能量，也会产生大量的过氧化物，这些过氧化物损伤关节韧带、损伤软骨或骨干内的软骨细胞及骨细胞，导致韧带易脆、弹性降低，抑制骨细胞更新。拔罐等中医方法可以明显减轻局部酸痛与疲劳，效果明显，我们经常可以看到很多球星身上带着拔罐的痕迹打球。

剧烈运动产生的大量过氧化物严重损害着运动员的身体，甚至可以直接断送他们的职业生涯。被称为"黄曼巴"的布兰登·罗伊身体素质劲爆、投篮稳定，关键时刻还有一颗大心脏，但 6 年 7 次膝盖手术直接将他击倒，手术后他的竞技状态明显下滑，场上数据全面后退，最后不得不在当打之年退役，令人惋惜。

ROS 引发人体关节损伤、骨质疏松、韧带松弛，导致关节疼痛、运动能力降低，人们就会出现动作迟缓、步履蹒跚。

过氧化物氧化眼球晶状体，引起晶状体浑浊。过氧化物可以直接损伤视网膜，也可以氧化眼底动脉，引起动脉硬化甚至闭塞，导致视物模糊甚至失明。过氧化物可以损伤眼球周围的肌肉，引发眼球调节能力下降，导致成像不清。

毛囊也会被过氧化物破坏，生发细胞损伤后可以引起脱发。毛囊内皮脂腺也会受损伤，油脂形成减少，导致毛发不再油亮。过氧化物损伤毛囊内的色素细胞及色素形成关键酶，黑色素形成障碍，导致白发生成。

过氧化物可以氧化牙龈的滋养动脉，导致动脉粥样硬化及闭塞，引起牙龈萎缩、缺血缺氧，最终导致牙齿松动、脱落。过氧化物氧化牙齿的釉质，导致釉质发黄、变黑。

过氧化物可以氧化我们的声带，导致声音嘶哑、苍老。

过氧化物可以氧化我们的胃肠道上皮，引起上皮细胞脱落、蠕动减弱、修复障碍、溃疡形成，导致食欲减低、便秘、贫血。

在过氧化物的作用下，我们逐渐变为满头白发、满脸皱纹、牙齿脱落、声音嘶哑、耳聋眼花、弯腰驼背、肌肉萎缩、步履蹒跚的老年形象。

我们人体内的各种酶类绝大多数是蛋白质，这些酶类具有明显加速反应的催化功能，其催化中心含有金属离子，Fe、Cu、Zn、Co、Mn、S 等离子较为常见，金属离子呈现不同的氧化、还原状态，氧化与还原进行转换就可以进行电子的交换，发挥催化作用。Fe^{2+} 是最为常见的催化中心的金属离子，与蛋白酶局部肽链中的半胱氨酸或胱氨酸中的 S 原子共同完成电子的转移，以 Fe-S 簇的形式组成催化中心。ROS 可以将 Fe^{2+} 氧化为 Fe^{3+}，Fe^{3+} 化学性质非常稳定，失去接受电子的能力，无法发挥催化作用。

蛋白质中的半胱氨酸残基对于 ROS 较为敏感，ROS 氧化 S 原子后，相应的蛋白质空间构象发生变化，催化中心难以形成。某些蛋白质如 NF-κB 中的半胱氨酸残基往往位于肽链与 DNA 的结合位点，ROS 氧化后局部可形成二硫键或者变为磺酸，从而阻断蛋白质与 DNA 的结合，影响新陈代谢。另外，蛋白质中的丝氨酸、苏氨酸、酪氨酸等残基也较易与 ROS 发生反应，掩盖磷酸化位点，影响蛋白质的磷酸化调控，导致细胞信号通路调节失灵。蛋白酶是人体所有反应的催化剂和加速剂，蛋白酶功能受损会严重影响机体的各种代谢。

超氧化物歧化酶（SOD）、过氧化氢酶（CAT）、谷胱甘肽过氧化物酶（GSH-Px）等抗氧化酶是机体最为重要的清除过氧化物的酶类，这些酶类也是蛋白质，也可以被 ROS 氧化，导致酶活性下降、失活，机体抗氧化能力降低，加速机体的衰老。这些关键酶功能降低引发机体肝脏、肾脏、胰腺、肺脏等重要器官功能下降，这是机体功能衰老的主要机制。

过氧化物是肿瘤化疗药物抑制肿瘤、杀死肿瘤细胞的重要物质。紫杉醇诱导癌细胞死亡的关键机制是过氧化物在细胞中大量积聚。卡铂诱导细胞产生高水平 ROS，激活膜死亡受体 Fas 通路，最终导致细胞凋亡。5-氟尿嘧啶（5-FU）和奥沙利铂的细胞毒性也与 ROS 生成相关。放射线除了直接电离辐射切断肿瘤细胞 DNA 导致细胞坏死外，其电离作用引发的 ROS 也是杀伤肿瘤细胞的机制之一。化疗药物和放射线产生的 ROS 对于机体细胞的损伤并没有特异性，既杀伤肿瘤细胞，也会损伤正常细胞，诱发正常细胞突变。因此，化疗和放疗也可以促进恶性肿瘤的发生与进展。

ROS 氧化 p53、Rb 等抑制细胞增殖的蛋白质，这些蛋白质的功能受到损伤，甚至完全丧失调控细胞周期的能力，导致细胞分裂增殖不受控制，容易引起恶性肿瘤。

ROS 氧化细胞内的骨架蛋白，细胞运动能力降低，特别是淋巴细胞、巨噬细胞等免疫杀伤细胞，导致免疫功能损伤，不能及时清除突变细胞。ROS 也可以氧化促癌蛋白，导致其结构变异，失去与抑制蛋白结合的功能，从而促进细胞增殖，导致正常细胞恶性转变。因此，肿瘤化疗药物都存在诱发新生肿瘤的风险，我们对此需要有足够的认识。

ROS损伤细胞膜，影响细胞间的信号传递

细胞间的沟通交流主要通过细胞膜进行，细胞膜上的蛋白质是信号传导的主要载体。

ROS 氧化细胞膜蛋白质离子通道

细胞膜上的蛋白质可以组成各种离子通道，离子通道内壁的超微结构多数由带电的各种氨基酸构成，赖氨酸、半胱氨酸、缬氨酸、丝氨酸等，这些氨基酸的残基带有特定的电荷，能够对进出细胞膜的离子进行选择。在接收信号刺激后，通道开放引起 Ca^{2+}、Na^+、K^+、Mg^{2+} 等离子出入细胞，导致细胞收缩、电位变化等反应。但是，这些组成离子通道的氨基酸对于 ROS 也较为敏感，ROS 氧化通道内部的氨基酸残基后，可以诱发蛋白质肽链空间结构改变，直接导致通道关闭或者活性丧失。ROS 也可以引起氨基酸残基化学性质改变，从带电荷的氨基酸转变为中性氨基酸，对于带电离子不再进行选择，严重影响细胞的功能。

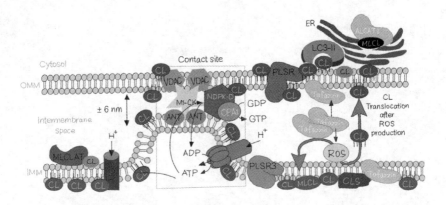

线粒体及细胞器表面各种通道模式图，通道种类繁多、功能各异

ROS 氧化细胞膜蛋白酶

细胞膜的部分蛋白质还具有蛋白酶功能，与配体结合后激活，就成为具有催化活性的酶类，可以作用于其下游的各种效应分子，影响

细胞增殖、代谢、分泌或运动。

ROS可以直接激活细胞膜表面的蛋白酶。ROS可以直接氧化蛋白酶的抑制因子，使其抑制作用解除，从而激活蛋白酶，这种激活方式呈持续性，失去调节机制。

与增殖相关的酪氨酸蛋白激酶保持持续性活化状态，细胞分裂、增殖不受控制，就可以诱发肿瘤。

与炎症相关的REK/MAPK通路的激酶活化后，炎症因子表达明显增加，淋巴细胞持续增殖、活化，不断产生相应的抗体，导致自身免疫性疾病。

ROS也可以氧化蛋白酶催化中心，导致功能失活，这种失活方式常常是不可逆的。

ROS氧化细胞膜不饱和脂肪酸

细胞膜的流动性非常重要，蛋白质镶嵌在细胞膜上，其位置并不固定，流动的细胞膜有利于这些膜蛋白快速到达效应部位，以便细胞对细胞外刺激及时做出反应。

细胞膜的主要成分是磷酸酯和胆固醇，磷酸酯含有不饱和脂肪酸，最常见的是亚油酸或油酸，亚油酸含有两个不饱和双键，油酸则只有一个不饱和双键。常温下，花生油等植物油呈现为液体，猪油等动物油则为固体，原因在于花生油也是一种不饱和脂肪酸，不容易凝固，而猪油以饱和脂肪酸为主，流动性较差，温度降低时就会凝结为固体。

亚油酸和油酸是细胞膜流动性的物质基础，这两种不饱和脂肪酸对于过氧化物极为敏感。细胞膜被氧化后，磷脂酸氧化为饱和脂肪酸，其流动性显著下降，膜上的蛋白质难以及时到达刺激部位，无法与相应配体结合、不能及时做出相关反应，严重影响细胞的功能。现在农业科学家利用基因工程技术改良大豆、花生等油料作物，提高其油酸的含量，希望能够增强食用油的抗氧化能力，以降低动脉粥样硬化的发病率。

细胞膜的流动性对于细胞的变形运动也较为重要，白细胞、巨噬细胞等免疫细胞通过变形运动到达感染部位，以尽快清除入侵微生物。细胞内的微管系统也可以被过氧化物破坏，难以快速组装与拆卸。细胞膜表面的蛋白质、细胞外基质与细胞内的微管系统紧密联系，蛋白质运动、信号转导与微管系统都密切相关，微管受损后，细胞的运动、蛋白质移位、信号传导都会受到严重影响。细胞膜被氧化后，流动性下降，细胞难以通过变形穿越细胞间隙与基底层，无法运动到感染部位，导致感染扩散，经久不愈。

糖尿病患者感染后恢复较慢，原因与此高度相关。糖尿病患者细胞内"缺糖"，白细胞等免疫细胞能量不足，运动受限。另外，高血糖诱发的代谢紊乱消耗了大量的 H 离子等还原力，单核细胞、白细胞等细胞合成 OH^- 及次氯酸能力下降，难以较快清除微生物。糖尿病诱发机体产生大量 ROS，氧化破坏细胞微管系统，免疫细胞变形运动能力明显降低，无法及时运动到感染部位。

ROS 损伤线粒体

正常情况下，线粒体是产生 ROS 的主要部位，ROS 可以损伤线粒体 DNA、线粒体蛋白质以及线粒体膜。由于没有组蛋白保护，线粒体 DNA 最容易出现变异，线粒体蛋白质合成受到影响，导致线粒体功能损伤。

线粒体受损诱发细胞凋亡

线粒体也是双层磷脂分子结构，对带电离子难以通透，以维持线粒体内外质子和电子梯度，质子梯度可以驱动 ATP 合酶形成 ATP，就像水流推动水轮发电机转动一样。线粒体膜一旦遭到破坏，质子梯度就无法建立，ATP 不能形成，严重影响机体各个组织的功能。如果电子传递链不能正常运转，氧化磷酸化过程中产生的大量电子就会泄漏出来，生成大量热量，同时这些电子可以与 O_2 形成 HO^-、O_2^- 及 H_2O_2 等过氧化物。

这个漏出部位主要位于线粒体复合物 I 和复合物 III 部位。泄漏的电子会产生热量，可以灼伤局部细胞和组织。过氧化物能够损伤

DNA、蛋白质、多糖、脂肪酸等生物大分子，导致细胞突变、细胞功能受损。

为避免损伤线粒体对其他组织细胞的危害，细胞就会启动程序性死亡过程，简称凋亡，诱导细胞死亡。这个现象就像城市的电厂一样，电厂的发电机组发生故障，导致燃料消耗多、发电效率低、空气污染加重，甚至可能发生发电机组爆炸引发大火等严重事故。为避免人员伤亡、减轻环境污染，市政府必须关闭这个电厂。

心磷脂是线粒体对过氧化物的敏感性开关

线粒体内膜心磷脂含量可达80%，是线粒体对于ROS的反应部位。心磷脂的主要作用是将细胞色素C紧紧地锁定在线粒体内膜。同时，作为一个敏感性开关，心磷脂对细胞内的ROS浓度及时做出反应。心磷脂的脂肪酸主要是亚油酸，也有一部分油酸。在细胞色素C的C位上通过疏水作用和氢根结合，心磷脂的一个脂酰基（亚油酸残基）插入细胞色素C上的疏水性孔道中，结合紧密。这个脂酰基为不饱和状态，对过氧化物非常敏感。ROS氧化心磷脂后，心磷脂的亚油酸残基变为饱和状态，诱导心磷脂与细胞色素C疏水结合作用下降，导致细胞色素C从线粒体内膜释放。细胞色素C释放，是细胞启动凋亡的关键步骤。细胞色素C释放标志着细胞内的ROS的浓度较高，并引起了线粒体功能不全，为避免线粒体内的游离电子对于细胞的损伤，细胞就开启凋亡程序，牺牲掉这个细胞，以保护其他组织细胞。

血液系统、胃肠道、皮肤等部位的细胞更新较快，细胞因ROS发生凋亡后可以得到快速补充，这些组织器官的功能基本不受影响。但是，心脏和大脑部位的细胞为永久细胞，无法进行更新，ROS诱导的持续性细胞凋亡就可以导致这两个器官的功能下降，甚至衰竭。

线粒体既是ROS的产生场所，又对ROS非常敏感，体现了细胞对于能量和ROS的精细调节，保证ROS维持在一个较低的水平，维护线粒体DNA及细胞核内基因的稳定。如果不良习惯所致的外源性ROS水平增高，ROS就可以损伤所有细胞的线粒体，导致线粒体功能降低，氧化磷酸化能力受损，ATP产量减少，供能减少。线粒体的产能减少意味着更多的电子转化为热量，并伴随更多的过氧化物产生，形成一个恶性循环。如果线粒体长期保持这种状态，机体的多个器官功能就会明显下降，最终导致重要器官的功能衰竭。

ROS 损伤细胞外基质

细胞外基质（ECM）是存在于细胞之间的动态网状结构，是细胞生存的微环境的重要组成部分，具有机械支持、连接以及参与信号传导的功能，由胶原蛋白、蛋白聚糖及糖蛋白等大分子物质组成。

细胞外基质功能各异

不同的组织，细胞外基质成分的种类和含量不同，其作用也明显不同。

胶原蛋白主要为组织提供基本的骨架及支撑强度。

蛋白聚糖和透明质酸能够吸收水分子，主要维持组织的水和状态，保持组织的力学特性，建立与维持信号分子的浓度梯度，以确保组织的顺序发育、维持组织的形式、保持组织的功能。

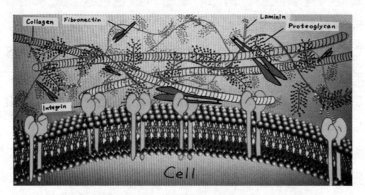

细胞外基质结构示意图，成分复杂，与细胞内形成紧密连接

这些大分子物质可与细胞表面的特异性受体结合，通过受体与细胞骨架结构直接发生联系，也可以接收信号分子从而激活细胞内的特定信号传导，引起相应基因表达，参与细胞的黏附、迁移、增殖和分化。胶原蛋白、透明质酸和蛋白聚糖等成分改变后会使组织的性质和生物学功能发生变化，导致一系列疾病。

过氧化物损伤细胞外基质

过氧化物可影响细胞外基质的代谢及相关因子表达，导致某些成分过度积聚或降解，进而造成组织器官损伤和疾病的发生。ECM的合成与降解受到机体多种酶和细胞因子的调节，以维持动态平衡。

氧化应激可通过调节PI3K/Akt信号通路使多聚蛋白聚糖生成减少、降解增加，关节软骨胶原过度降解和表型表达改变，使关节软骨含水量减少、弹性丢失，最终导致关节软骨的损毁、关节功能丧失。

ROS通过调控MMP影响平滑肌细胞的迁移、参与冠状动脉粥样硬化斑块形成。ROS可以诱导MMP表达，降解斑块纤维帽结构，促进斑块破裂，导致急性血栓形成，参与急性心肌梗死发病。ROS损伤心肌细胞、增加MMP活性导致心肌纤维化，参与心功能不全病理过程。

ROS可减弱黏膜功能，增强内皮渗透性，减弱内皮细胞的黏附，影响细胞外基质的重建，导致肺间质纤维化，参与慢性支气管炎与慢性阻塞性肺炎病理生理过程。

ROS可明显增加MMP活性，促进Ⅰ、Ⅲ型前胶原蛋白等盆底支持组织的降解，诱发子宫脱垂。

ROS也可以促进血管内皮生长因子(VEGF)、MMP等基因的表达增加，促进新生血管形成，导致血管细胞增殖和血管通透性的改变，为恶性肿瘤生长提供营养，为恶性肿瘤细胞的扩散、转移提供有利的条件。

吸烟、饮酒与ROS

烟草的危害主要是过氧化物

我们先看吸烟的危害。烟草燃烧后，其中的物质会被氧化，形成尼古丁、煤焦油、苯并芘、多环芳烃等物质，这些物质首先进入呼吸道内，然后进入血液系统，随着血流到达全身各处。烟叶中含有蛋白质、纤维素、多糖、脂肪等物质，燃烧后形成的物质则多达千余种，到底是哪种成分对人体产生了不良作用？其实，哪种成分都有可能，只要这种成分高温燃烧、形成过氧化物，就可以对身体造成损伤。当然，蛋白质燃烧后产生的过氧化物最多。在高温下，蛋白质可以形成多环芳烃，这是烟草燃烧后香味的主要来源。多环芳烃的环状结构较为稳定，在细胞内不能完全降解。多环芳烃具有非常强的氧化性，可以氧化DNA、可以嵌入DNA双螺旋的碱基中，导致基因突变，具有较强的致癌作用。

研究发现，尼古丁可以明显提高NAD^+（烟酰胺腺嘌呤二核苷酸）的水平，NAD^+参与线粒体电子传递，参与ATP的合成，意味着尼古丁可能具有有效延缓衰老的作用。这个研究与既往的吸烟损害健康的理念背道而驰——长期少量吸烟似乎可以延缓衰老，对于机体似乎是有益的。直接从烟草提纯出来的尼古丁与烟草燃烧后产生的尼古丁对于机体的影响是完全不同的，吸烟时产生的尼古丁是被氧化了的。这就像烧烤的牛肉，高温作用下，牛肉中的蛋白质被氧化为多种致癌物质，长期服用烧烤的牛肉会对机体产生不良影响。

过氧化物浓度越高的地方产生恶性肿瘤的概率越高。因此，吸烟引起的恶性肿瘤中，最为常见的是舌癌、喉癌、肺癌等，这些部位也是烟雾最早到达、浓度较高的部位。当然过氧化物会随着血流对全身器官产生不良的影响，即使距离较远，也可以导致恶性突变，吸烟可以诱发膀胱癌就是这个道理！

吸烟还可以诱发动脉硬化、损伤呼吸系统上皮细胞，导致高血压、冠心病、脑卒中、肺气肿、慢性支气管炎等疾病。

我们的机体存在抗氧化系统，负责清除线粒体产生的内源性过氧化物和吸烟等导致的外源性过氧化物，以维持细胞的基本功能，一旦过氧化物浓度超出机体的抗氧化能力，过氧化物就会对机体细胞产生危害。我们每个人的抗氧化能力是不同的，我们周围的长寿老人也有嗜好烟酒、不爱运动的，这种情况往往成为人们拒绝戒烟的理由。

吸烟成瘾

与饮酒相比，吸烟的危害在于其无节制性。一个人的酒量毕竟有限，一旦过量饮酒就会出现恶心、呕吐等反应。恶心反应会阻止人们继续饮酒，呕吐可以将胃内的酒精排出体外，以减少酒精对机体的危害。另外，饮酒后人体会出现口渴、多尿等表现，大量喝水可以促进酒精的排泄，以减轻酒精的危害。吸烟就完全不一样，烟民们往往越抽越多、烟瘾越来越大。人们刚学会吸烟时，每天几根香烟就可以满足，但等到成瘾后就会逐渐增加，每天一包甚至几包香烟。由于不存在类似醉酒的情况，有的人甚至一天可以抽一条香烟（十盒），基本上做到了烟不离嘴，一支未完、下支待续。

吸烟成瘾后，人们往往对烟草产生依赖性，一旦血清中的尼古丁等浓度下降就会出现乏力、打呵欠、心烦意乱等症状。在戒烟期间，人们常常会出现口唇等呼吸道部位的溃疡、水泡，这些问题增加了戒烟的难度。

由于烟叶中蛋白质的含量较低，烟叶燃烧后产生的多环芳烃等过氧化物较少，单纯吸烟所致的恶性肿瘤、冠心病等就需要较长的时间跨度，这部分人群需要经过十几年甚至几十年才可能发病，极少部分吸烟人群甚至终生不发病。这种慢性致病的现象会麻痹人们的神经，导致人们对其放松警惕。吸烟的慢性危害甚至没有引起临床医生的足够重视，很多医生，尤其是外科医生，吸烟比例较高。

香烟非常容易获得，香烟没有任何限制地售卖，孩子都可以购买。香烟的价格高低不等，可以低到每盒几元，烟草公司还设计了清香、浓香、薄荷等不同口味的香烟。

烟草公司已经贴心地为不同年龄、不同收入人群生产出相应价位与口味的香烟。烟草公司推出细长型香烟，专供女士使用，据说尼古丁含量较少。近几年女性吸烟数量明显增加，而且多数为教育水平相对较高的人群，吸烟俨然已经成为一种女性的时尚。然而，吸烟对于女性及其下一代的危害更大。

尽管国家明令禁止烟草广告，不鼓励吸烟，但是烟草公司可能会通过赞助体育赛事、公益活动等方式进行宣传。另外，我国的香烟包装设计精美，色彩鲜艳，也没有吸烟危害警示图片。我们应当在电影、电视、绘画作品中尽量减少烟草的出现，以减少青少年对其进行模仿。很多的创作不应当格式化，电影中的鲁迅先生为国为民呐喊写作时不一定非得是烟雾缭绕，绘画中的鲁迅先生不一定是面庞消瘦、手指夹烟的形象。

"二手烟"危害健康

吸烟还存在一个次生危害的问题，也就是"二手烟""三手烟"。很多冠心病、恶性肿瘤患者并没有吸烟、饮酒、高血压、糖尿病等危险因素，但是，由于这些患者的家人吸烟，被动吸烟也可以引发这些慢性疾病。

无辜的儿童、青少年更容易受到"二手烟"的危害。2021 年 12 月，山东济宁市某家医院接诊了一名 8 岁女童，这个孩子以"咳嗽、喘憋"就诊，最终确诊为"晚期肺癌"。其肺部肿瘤较大，且周围淋巴结已经转移。询问病史，女童父亲长期大量吸烟，每天 2 包，甚至陪孩子就诊时还在吸烟。肺癌等恶性肿瘤多见于 60 岁以上的老年人，儿童肺癌非常少见！患白血病、肺癌等恶性肿瘤的未成年人，其父母多数有吸烟的嗜好，这种嗜好甚至可以追溯到孕期。母亲体内较高浓度的过氧化物可以通过胎盘输送到胎儿体内，诱发胎儿的基因突变，导致恶性肿瘤。

另外，即使不在家中吸烟，烟民配偶等密切接触者的冠心病、恶性肿瘤发病率仍高于普通人群，这就是"三手烟"的危害。

吸烟的另一个重要的危害是其普遍性。2019 年数据估测，中国 15 周岁以上居民吸烟率为 26.6%，男性吸烟率高达 50% 左右，女性吸烟率较低，约 2% 左右，合计约 3.7 亿烟民。如果将烟草的次生危害也计算进去，那么，受到烟草危害的多达 7~8 亿人！2019 年中国烟草总公司共售卖约 1183 亿盒香烟，平均每名烟民年消费约 320 盒香烟，也就是每名烟民平均每天约消费 1 盒烟。2010 年，中国因烟草造成的死亡人数达到 100 万，2030 年这个数字将增加至 200 万。

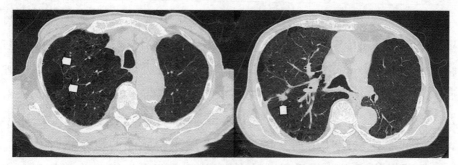

左图为吸烟所致肺大泡（白色箭头），右图为同一名患者右肺内的恶性肿瘤

肿瘤周边呈毛刺样（白色箭头）

吸烟引发的疾病

吸烟是一种慢性中毒的过程，而且吸烟对于器官的危害是不可逆的。吸烟可以诱发肺泡细胞凋亡，小的肺泡破裂，多个肺泡逐渐融合，最终形成肺大泡。与多个肺泡相比，肺大泡的表面积明显变小，严重影响气体交换功能。另外，吸烟引发肺泡细胞、气管上皮细胞增生、变异，甚至恶性变，最终导致恶性肿瘤。这些过程尽管漫长，但是不可逆，没有药物能够逆转这种病理变化。

吸烟产生的过氧化物可以氧化动脉血管内皮细胞，氧化低密度脂蛋白及胆固醇，导致血管内皮增生、粥样硬化斑块形成，从而引发临床上的高血压、心血管病、脑血管病、肾血管病及外周动脉病变。

过氧化物可以直接损伤心肌细胞、神经细胞、胰岛细胞等，导致这些细胞的损伤甚至凋亡，引发心力衰竭、痴呆、糖尿病等临床疾病。过氧化物可以损伤机体任何部位的细胞，导致细胞凋亡、增殖，甚至恶性突变，引发恶性肿瘤。临床已经证实，吸烟可以明显增加肺癌、喉癌、舌癌、鼻咽癌、食管癌、胃癌、甲状腺癌、胰腺癌、胆管癌、肝癌、膀胱癌、肾癌、胶质瘤、前列腺癌、乳腺癌、卵巢癌、白血病、淋巴瘤等恶性肿瘤。吸烟开始年龄越小，患肺癌的概率越高，15岁以前就开始吸烟，肺癌的患病概率将提高到30倍。与不吸烟的人群相比较，每天一包烟（20支），持续吸烟30年的人死于肺癌的概率增加20~60倍。正常人群肺癌的发病率约为283/10万，相当于2.8/‰，而每天一包烟、连续30年，发生肺癌的概率将增加到5.6%~16.9%，最高接近20%，这是相当高的概率了！吸烟时间在40年以上，这个概率还要翻倍。这只是吸烟诱发的一种恶性肿瘤的预测结果，吸烟还会诱发胃癌，吸烟人群与正常人群比较（19.3/万 VS 4.3/万）增高约4倍；吸烟增加肝癌的发病率，每天一包以上者，患肝癌的危险性增加3倍；吸烟者发生膀胱癌的概率增加4倍。

烟草燃烧产生的物质进入人体后引发血管内皮细胞功能障碍、交感活性增加、过氧化物增多以及慢性炎症反应，严重影响动脉血管的舒缩功能，导致血管痉挛。手的动脉痉挛可以引发手指末端缺血、缺氧，局部皮肤变白，剧烈疼痛，导致雷诺病。心脏的冠状动脉强烈的收缩，可以引起血管腔完全闭塞或者次全闭塞，导致心绞痛、心肌梗死、心律失常甚至猝死等临床表现。

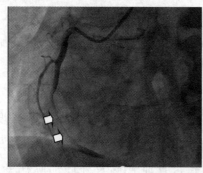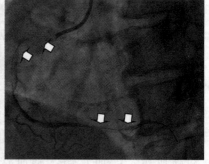

吸烟导致右侧冠状动脉多处痉挛

（白色箭头所指处血管闭塞，右图为导丝送入右侧冠状动脉后诱发多处血管痉挛）

吸烟所致冠脉痉挛：下壁导联（白色箭头）出现ST段抬高，导致急性心肌梗塞

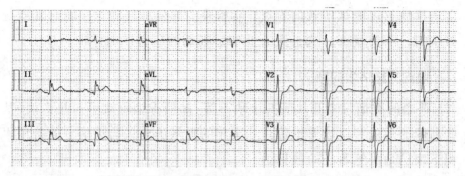

冠脉痉挛导致心肌梗死，心肌酶急剧增高

No.	报告项目	结果	参考值	单位	复查标志
1	B型钠尿肽前体测定	245	0~125	ng/L	
2	肌酸激酶同工酶	>300.00	0.3~6.22	ng/ml	
3	肌红蛋白	356.0	28.0~72.0	ng/ml	
4	(危)肌钙蛋白-T	8.530	0~0.014	ng/ml	2

No.	报告项目	结果	参考值	单位	复查标志
1	肌酸激酶同工酶	9.19	0.3~6.22	ng/ml	
2	肌红蛋白	30.2	28.0~72.0	ng/ml	
3	(危)肌钙蛋白-T	4.680	0~0.014	ng/ml	

不同时间段心脏特异的肌钙蛋白均明显增高（以上资料均为同一患者）

临床上，80%的肺气肿是因吸烟引发的，80%~90%的慢性阻塞性肺病的死因归结于吸烟。吸烟增加 2~3 倍冠心病风险，增加 3 倍死亡风险，增加 2.5~3 倍中风风险。吸烟增加外周血管闭塞风险，增加 5 倍远端肢体坏疽风险。吸烟增加 2~4 倍胃溃疡风险，如果将吸烟引发的所有疾病都计算在内，包括恶性肿瘤、肺气肿、慢性阻塞性肺病、肺动脉高压、口腔炎、食管炎、胃炎、胃溃疡、冠心病、心衰、脑卒中、痴呆、外周血管病变、高血压、肾血管病变等等，我们就会发现吸烟的危害远远超过我们的估计！理论上讲，只要吸烟的时间足够长、随访时间足够长，那么，吸烟引发疾病的概率将会接近 100%。

这就像"通关"游戏，如果你能够安全地通过吸烟导致的心肌梗死、脑中风、恶性肿瘤等致死性疾病，那么你就是幸运的。但是，吸烟所致的心衰、慢性阻塞性肺病、胃溃疡、冠心病等将会伴随终生，这些疾病并不致死，可能导致身体或者器官功能的残疾，也会让人痛苦不已、生不如死，严重影响生活质量。

目前，临床上的统计方法存在较大问题，各个专业统计各自相关的疾病，忽视了烟草对其他系统的危害，没有从整体上来统计吸烟的危害。部分患者因急性心肌梗死、大面积脑梗死或脑出血而猝死，来不及到医院就医，这部分吸烟人群也无法统计进去。另外，患者可能会选择性忽视吸烟所致的胃炎、食管炎、部分肺气肿、外周血管病变等疾病，不会就医，这也大大低估了吸烟的危害。

吸烟的经济学问题

普通的香烟每盒几块到几十块不等，高档香烟每盒可达几百块，某些品牌的雪茄甚至以支论价。几十年的吸烟历史，购买烟草的费用累积下来也是一笔不小的数目。

吸烟引发的家庭火灾、森林大火屡见不鲜。天然气打火机价格低廉、持久耐用、随处可购，夏季的汽车火灾很多与车里的打火机爆炸有关。

一般而言，吸烟二十年，冠心病、胃炎就可以出现，而吸烟四十年，冠心病、肺气肿、脑梗死、恶性肿瘤等疾病的发病率成倍增加。治疗疾病的费用足以让一个小康之家倾家荡产。

吸烟可以致残，吸烟所致的脑梗死、心梗后心衰、慢性阻塞性肺病等疾病可以引发肢体或器官残疾，并最终诱发心理障碍。这些患者丧失了劳动能力，失去创造财富的能力，也失去了生活的乐趣。

累积效应具有不可逆性

1963年，美国气象学家洛伦兹首次提出蝴蝶效应：南美洲亚马孙河热带雨林中的蝴蝶偶尔扇动几下翅膀，两周后可能会在美国得克萨斯引起一场龙卷风。蝴蝶扇动翅膀会引发其周边空气系统发生变化，并引起微弱气流的产生。微弱气流又会导致四周空气或其他系统产生相应的变化，诱发连锁放大反应，最终引起其他系统的极大变化。

各种不良习惯会引发累积效应，与蝴蝶效应非常相似！这是一个与时间相关的慢性破坏、损伤过程，这个过程是不可逆的，所谓"病来如山倒，病去如抽丝"。长期大量吸烟的人们一旦发病，往往是多种疾病并存，吸烟并非仅仅损伤肺部。吸烟引发的疾病包括恶性肿瘤、心脑血管疾病、外周血管狭窄、慢性阻塞性肺病、消化性溃疡等等。只有对此有清醒的认识，人们才能重视疾病的预防，才会决心戒掉不良习惯。

长期吸烟对肺部造成损伤，肺泡 I 型和 II 型细胞损伤破裂，融合为无功能的大泡即为肺气肿。肺泡破裂形成肺大泡后，这部分肺泡就失去了气体交换的功能。即使戒了烟，肺大泡也不可能变回正常的肺泡了。烟草中的 ROS 氧化气管纤毛上皮细胞，导致细胞坏死，失去保护气管和肺泡的功能。ROS 氧化气管引起周围组织纤维化、气管狭窄、痉挛，导致长期咳嗽、咳痰等症状的慢性支气管炎。临床上，我们对于肺气肿无药可治，针对慢性支气管炎的药物仅限于扩张气管及支气管、减轻痉挛、化痰、减少黏液分泌等缓解措施，无法逆转气管上皮细胞坏死、气管狭窄、周围组织纤维化等病变。

烟草中的 ROS 也可以氧化肺泡细胞、气管上皮细胞，诱发细胞突变，导致肺癌。因病理表现不同，肺癌分为小细胞肺癌与非小细胞肺癌，后者包括鳞状细胞癌和腺癌。不管分型如何，所有肺癌都是恶性肿瘤，都会侵犯周围组织，都会远处转移。

肺癌的治疗较为困难，手术无法完全切除，局部或者其他部位可能还会再次复发肿瘤，甚至出现远处转移。化疗药物并不特异性地针对癌细胞，同样可以损伤正常细胞，甚至可以诱发其他类型的肿瘤。放疗可以直接引起肺泡细胞坏死，引发局部纤维化、气管炎，失去呼吸功能。手术切掉的肺组织不会再生，周围肺组织代偿性地扩张、形成肺气肿，严重影响呼吸功能。

尽管我们机体的多数器官都有备份，大脑有两个半球、左右眼球都有视力、鼻孔成双、左右肾脏都有泌尿功能、左肺分为二叶、右肺含有三叶，这样的配置充分保障了身体的正常运行。理论上讲，这些脏器的单个器官就可以承担所有的功能，然而事实并非如此。因外伤或肿瘤而将一个眼球摘除，短期内患者的景深及视野会受到较大影响。一段时间后，患者残存眼睛的视神经会出现萎缩，甚至完全失明。一侧肾脏切除的患者往往在术后出现另一侧肾脏功能的逐渐减退，血清肌酐会逐年增高，任何损伤肾脏的药物都会引发肾功能的急剧反应。

酒精的危害主要是过氧化物

中国存在非常庞大的饮酒人群，据估测中国约有 5 亿人饮酒，每年约喝掉 300 亿公斤的酒，其中白酒占比达 23%，平均下来每位酒友每年可以喝掉 13.8 公斤白酒。既往研究发现，饮酒对健康的影响呈现相互矛盾的结论。人们将饮酒量化后发现，适量饮酒即每天低于 50 克，能够提高血清高密度脂蛋白水平，有利于清除胆固醇，降低心脑血管疾病风险。但是，如果每天饮酒过量，那么，酒精对身体就会产生明显的伤害。

酒类饮品的主要危害来源于其中的酒精（乙醇），酒精在体内代谢时会产生 ROS。酒精主要吸收部位为在胃部，主要分解代谢部位为肝脏。对于人体而言酒精是一种致炎物质，可以导致肝脏的慢性炎症，引发肝细胞坏死、肝硬化、肝衰竭，也容易诱发肝癌。著名的摇滚歌手臧天朔、著名电影明星吴孟达都嗜好饮酒，最终都因肝硬化、肝癌而英年早逝，令人唏嘘。

酒精对机体的损伤机制非常复杂，氧化应激是重要的机制。长期饮用酒精的大鼠肝脏线粒体产生的过氧化物明显多于正常大鼠。长期饮酒诱导谷氨酸的氧化作用增强，这是导致机体 ROS 增加的主要原因。酒精代谢过程中，过量的 ROS 与不饱和脂肪酸共同作用，可以促进更多的自由基生成，导致氧化应激增强。另外，酒精可以明显降低大鼠体内 CAT、GSH-Px、SOD 等抗氧化酶的活性，降低神经突触中的谷胱甘肽含量，而谷胱甘肽是神经突触内的抗氧化物质。

乙醇脱氢酶是降解酒精的关键酶，乙醇脱氢酶可以减轻内质网氧化应激导致的心脏收缩功能降低，其机制是通过降低氧化应激、调控 PTEN/BAkt/mTOR 通路减少自噬作用，从而稳定内质网应激性，减轻心肌损伤，维持心脏收缩功能。

酒精在体内可以转变为葡萄糖和脂肪，可以加重肥胖、促进糖尿病，导致血糖控制不佳。啤酒还含有大量的低分子糖、氨基酸，也会增加肥胖，诱发糖尿病、痛风等疾病。

酒精可以兴奋交感神经、兴奋心脏，导致心动过速、高血压，对机体产生不利影响。

我国存在庞大的基础疾病和不良习惯人群

据统计，2017 年中国约有 3.7 亿烟民、5 亿饮酒人群，中国还有约 3.3 亿高血压患者，其中血压达标率小于 20%。另外，中国还存在 9000 万糖尿病患者，糖耐量异常者 4000 余万人，未来这个数字还将继续增加。临床上，高血压与糖尿病合并存在的情况并不少见，这两种疾病共同存在会明显加快疾病的进程。吸烟、饮酒也会明显增加高血压、糖尿病的发病率。不良嗜好越多，高血压、糖尿病、糖耐量异常等基础疾病越多，机体内的 ROS 浓度就越高，诱发冠心病、恶性肿瘤等慢性病的概率就越大，而且发病时间会越来越提前。近几十年，我国心脑血管疾病处于持续上升态势。2020 年，冠心病患病人数约 1139 万，其中介入治疗手术超过 100 万人次；脑卒中患病人数 1300 万，心力衰竭患病人数 890 万。更令人担忧的是，我国城乡居民心脑血管疾病的死亡率也呈现上升趋势，严重危害我国居民的生存。如果这种现状不能够得到有效遏制，在不远的将来将导致异常庞大的患病人群，并产生巨量的医保费用与家庭负担。

因此，如果我们完全戒掉吸烟、饮酒这两种最为常见的不良习惯，必将大大降低冠心病、脑卒中、恶性肿瘤、糖尿病、高血压等慢性疾病的发病率，减少每个家庭的经济与精神负担，减轻医保压力。戒烟、戒酒可以增加提高人均寿命，明显提升人们的生活质量。

烹饪习惯与ROS

我们在临床上经常可以遇到一些患者，不吸烟、不饮酒，血压、血糖都不高，也会患冠心病、恶性肿瘤等慢性疾病。这些人患病的原因可能有两个，第一，机体抗氧化能力较差，SOD、CAT等抗氧化酶缺失或者活性不足。这部分人群即使危险因素不多，也会患冠心病、恶性肿瘤等慢性疾病。第二，食物烹饪方式完全西方化。现在，主流媒体的健康宣传主要针对烟草、酒精等的危害，食物烹饪方式对健康的影响并没有引起足够重视。

高温烹饪是西餐的主要加工方式

西餐烹饪食物的方式主要为高温，依靠油炸和烧烤加工食物。蔬菜以生食为主，或者制作成布丁，缺盐少油、寡淡无味，难以合乎青少年的口味，孩子们容易对蔬菜产生抗拒心理。肉类烧烤或者油炸后，味道变得更香，孩子们更偏好这类方式加工的食物，这种食物加工方式也会传承到他们的后代，对身体健康产生长久的影响。

油炸时食物的温度可从100~250℃不等，烧烤温度会更高，木炭烧烤温度可达300℃，煤炭温度最高可达600℃。牛排、猪排、羊排多数为铁板烧制，火鸡、乳猪、土豆、面包均为烤制，土豆条是高温油炸而成，从主食到主菜除了油炸就是烧烤。油炸食品含有较多的脂肪，热量较高。这些植物油反复使用，其不饱和脂肪酸被空气中的O_2氧化为饱和脂肪酸后就失去了抗氧化的功能。另外，肉类中蛋白质含量远高于烟草，高温作用下这些肉类会产生大量的多环芳烃、苯并芘等过氧化物，这也是烤肉、炸肉更香的主要原因。

多环芳烃的化学性质较为稳定，具有强氧化性，可以导致基因突变、动脉硬化。与烟草比较，高温烹饪的肉类导致冠心病、恶性肿瘤等慢性疾病的进程会明显加速，"一串烤肉等于十包香烟"不无道理。此外，油炸、烧烤食品及肉类食品含有较高的热量，易引起肥胖、糖尿病，还会导致机体"上火"，出现面红、口臭、狐臭、口疮、喜凉、畏热等情况。

北美白人恶性肿瘤的发病率约为中国人的 2 倍，且年龄较轻。美国影星查德维克·博斯曼（Chadwick Boseman）2020 年因结肠癌而去世，年仅 43 岁。结肠癌最常见于老年人，中青年较为少见，博斯曼于四年前也就是 39 岁时就已经查出癌症，且处于中晚期。他没有吸烟饮酒等不良习惯，这么年轻患结肠癌去世与西式饮食不无关系。另外，北美地区冠心病发病率也较高，约为中国内地的 2~3 倍。西餐以肉类为主，加工方式均为烤制或油煎，这种西式烹饪方式会产生更多的 ROS，这可能是导致中西方冠心病、恶性肿瘤发病率产生较大差异的根本原因。

中餐以低温烹饪为主

中国传统的食物烹饪方式以低温烹饪为主，即充分利用水作为媒介来加工食物。包子、饺子、面条、米饭等主食采用蒸、煮的方式，鸡、鱼、肉、蛋等主要采用蒸、煮、炖的方式加工成熟。当然，我们也用油炸和烧烤来制作食物，炸带鱼、炸油条、烤鸭、烤全羊，但这并不是主流。我们的祖先很早就意识到油炸食品的危害，告诫我们尽量少吃这类食品，以免"上火"。

以水作为媒介加工食物，水的沸点为 100℃，食物的最高温度也就是 100℃，这种温度下食物由生变熟，尤其是肉类变得更软烂，有利于咀嚼，也利于消化吸收。在这个温度下，细菌、病毒、寄生虫等病原微生物绝大多数会被杀死，食物的安全性得到保证。多数情况下，中餐中的肉类食品都是与蔬菜搭配，土豆炖牛肉、白菜炖猪肉、西红柿炖牛腩。蔬菜独有的清香可以为肉食提鲜，可以解除肉类的油腻，还能够极大减少食物中的热量。

中式厨师往往将葱、姜、蒜、辣椒、花椒、茴香等作为调味品，以掩盖肉类、鱼类及海鲜的腥膻味，还丰富了食物的味觉层次，令人垂涎三尺。另外，这些调味品还含有大量的抗氧化物，维生素 C、维生素 E 等，也含有丰富的纤维素。这种食物制作方式受到食客的青睐，尤其是儿童及青少年。这种烹饪方式可以引导我们从小就通过饮食进行抗氧化，从小就喜欢这种方式制作的食物，伴随终生，并能够顺利地传承到下一代。

生食危害多

中国传统美食也有生食，鱼生、生腌、醉虾、醉蟹等菜肴，可能存在寄生虫、细菌、病毒等微生物，生食后有感染的风险，这种吃法不应当提倡。苏东坡是北宋著名诗人、词人、文学家、政治家，性格豪放，也喜食鱼生。鱼生的制作较为简单，将淡水鱼洗净后切成薄片装盘，葱、姜、辣椒切碎后加入酱油、醋作为蘸料，即可食用。江南地区的淡水鱼往往携带细菌、病毒、血吸虫等病原微生物，酱油或者香醋根本无法将其消灭。苏东坡临终前的症状即为典型的痢疾：恶心、呕吐、发烧、厌食、腹痛、腹泻、便血。当时没有特效的治疗痢疾的药物，一代文豪因生食而陨落，令人惋惜。江西、湖南、广东等地区流行的血吸虫病也与生食有关，血吸虫可以导致肝硬化、肝癌，危害巨大。

1989年上海爆发的甲肝大流行也是由生食引起。在疏通长江入海口江苏启东段时，人们在河床发现了大量的毛蚶，这些毛蚶个大肥美、价格低廉，洗净后蘸料生食最为鲜甜，也是上海最为流行的吃法。然而，运送毛蚶的船只平时也用来运输粪便，粪便中的甲肝病毒感染了毛蚶，再通过消化道途径进行传播。

当时上海浦西地区人口稠密，一家三代挤在几十平方米的小房子里的情况较为普遍，这么小的房子里根本没有独立卫生间，也没有专用水龙头，冲洗马桶和洗手刷牙共用同一个水龙头。这种情况下，甲肝病毒很快传播开来，最终导致30多万上海人感染。尽管上海市政府较为迅速地扑灭了甲肝流行，但这次流行病也令人恐慌和震惊，生食的危害需要引起足够的重视！

不同烹饪方式产生的过氧化物差异非常大

食品研究人员对食物的烹饪方式进行研究，以检测不同烹饪方式所产生的过氧化物的水平。取相同重量的鸡胸肉，采用不同的烹饪方式，以晚期糖基化产物（AGEs）作为过氧化物的检测物，结果发现水煮方式产生的 AGEs 最少，烧烤方式产生的量是水煮方式的 4 倍，采用烤箱油煎方式产生的 AGEs 最多，是水煮方式的 9 倍！

食物烹饪方式的重要性应当引起我们足够的重视，禁烟令和醉酒驾驶列入刑法限制了吸烟、饮酒的行为，但是，没有人会干预我们的饮食。如果一日三餐我们都以烧烤、油炸食物作为主餐，那么，我们通过食物获得的过氧化物就会明显增加，对健康极为不利。

另外，我们需要警惕西式烹饪方式逐渐在中国流行，尤其是在青少年中，烧烤摊人满为患，肯德基、麦当劳、披萨等快餐店遍地开花，各种烤箱、烤炉进入家庭，不少家庭饮食方式逐渐西式化：早餐喝牛奶、吃面包和煎蛋，午餐吃鸡腿汉堡，晚餐以烤猪排、牛排或者羊排为主。这种烹饪方式已经带来了不少问题，肥胖、肿瘤年轻化，冠心病年轻化。"洋为中用"需要辩证地分析、判断，对健康有益的我们就引进模仿，危害健康的我们就要当心。我们应当尽量避免高温烹饪加工食物，尽量少吃油炸、烧烤食物。

肉制品需要警惕

烟熏、腊制、腌制食品也同样需要引起我们的警惕。在古代，没有电冰箱等保鲜设备，肉类容易腐败变质，烟熏、风干、腊制、腌制肉类就成为必要的选择。但是，在烟熏、腊制肉类的过程中会产生苯并芘，这是一种较强的致癌物质，能够氧化 DNA 导致基因突变。这些肉类在制作过程中，或多或少地会发生变质，也会有少量的致病菌感染，产生致癌物质。我们现在基本上每个家庭都有冰箱，可以将肉、鱼类冷冻保存，不需要对这些肉类进行烟熏、腊制或腌制保存，我们需要逐渐减少甚至抛弃这些不科学的食物保存方法。

人们还会在肉类中加入大量的食盐以防变质，这些食盐在细菌的作用下转变为亚硝酸盐，亚硝酸盐具有一定的致癌作用，而且摄入盐类过多会导致高血压、心衰等疾病。腌制咸菜的致癌原理与此类似，也需要减少食用。偶尔食用这类食物对于健康并无大碍，但是，如果长期以这些肉类为主食，那么胃癌、结肠癌等恶性肿瘤和高血压的发病率就会明显增高。

因此，为保持机体健康，预防冠心病、恶性肿瘤等慢性疾病，我们需要减少甚至杜绝烧烤、油炸、烟熏等高温烹饪食物，减少高盐、腊制肉类食品。

肥胖与ROS

肥胖是一种不良身体状态，造成肥胖的原因主要是进食过多，形成的脂肪储存下来，而消耗较少，也就是"吃得多、动得少"。

肥胖危害

2020年，中国肥胖人群已经达8900多万，而且青少年肥胖呈明显增加趋势。肥胖会引发高血压、糖尿病、冠心病、恶性肿瘤、心力衰竭、睡眠呼吸暂停等慢性疾病。肥胖人群还容易诱发肺部疾病、关节劳损等问题，并严重影响机体的运动、呼吸功能。

脂肪燃烧较为困难

脂肪的氧化代谢并非易事，脂肪分解后主要产生甘油和脂肪酸，脂肪酸分解代谢需要ATP等提供能量将其活化才能进入β氧化过程，而且氧化过程中产生的FADH、NADH等氢原子需要O_2参与形成CO_2、H_2O。因此，脂肪酸氧化是需要耗能、耗氧的。饥饿状态持续一段时间后再进食，机体会优先将食物中的碳水化合物转变为脂肪贮存下来，所以单纯以饿肚子的方法减肥很难，且容易反弹。减肥的困难就在于生活方式或者习惯的改变，从"极少活动"到"每天运动"，从"喜食肥甘"到"吃糠咽菜"。

血糖是促进我们进食的最强因素，血糖降低后机体就会发出信号，提示我们吃东西以提高血糖水平。低血糖的情况，我们都遇到过，饥饿、心慌、出冷汗，甚至晕厥。那时，我们心中所想都是美食，哪怕是最为常见的馒头，此时也变为香甜可口的食物了。因此，保持血糖在一定水平，甚至略高一点有利于减肥。

切实可行的减肥方法就是少食多餐了，别人"一日三餐"，减肥的人可以"一日五餐"，但是每餐都要少吃，这样你的血糖水平就不会太低，饥饿感就不会过于强烈，进食的欲望就会明显下降。另外，我们需要更多地进食新鲜的蔬菜和水果，逐步减少主食——米饭、馒头等的摄入，这样食物总体的热量下降，也容易获得"饱腹"感。另外，在这种情况下，适量运动也是非常安全的，不会出现低血糖的危险，也容易坚持下来。久而久之，体重就会慢慢降下来，成功减肥。

在某些特殊状态下，如心衰晚期，线粒体 ATP 等能量产生减少，脂肪酸 β 氧化代谢就会受到较大的影响，心肌细胞能量供给就转向为葡萄糖代谢。但是如果患者同时患有糖尿病，由于存在胰岛素抵抗，心肌细胞内葡萄糖减少，葡萄糖代谢产能就明显减少。心衰时心肌处于无能量可用的状态，这可能是糖尿病合并心衰死亡率明显增加的原因。

脂肪酸进入线粒体内进行氧化代谢主要由肉毒碱脂酰转移酶控制，丙二酰（CoA）可以抑制这个酶，而胰岛素可以诱导 CoA 合成增加，这也是胰岛素导致体重增加的主要原因。禁食或者饥饿状态时，胰岛素分泌减少，CoA 合成减少，CoA 抑制肉毒碱脂酰转移酶作用明显降低，脂肪酸氧化分解代谢增加。节食确实可以减肥，只是难以长期坚持。

脂肪组织具有内分泌功能

肥胖人群的体内含有大量的脂肪组织，这些脂肪组织具有内分泌功能，可以分泌大量的细胞因子，导致机体的慢性炎症状态。脂肪组织分泌的细胞因子包括肿瘤坏死因子（TNF-α）、脂联素、瘦素、血管内皮生长因子等，这些炎症因子能够加快代谢综合征进程，同时诱导细胞产生大量的 ROS，诱发冠心病、脑卒中、糖尿病、肾病、恶性肿瘤等疾病。世界著名男高音歌唱家帕瓦罗蒂音质雄浑、音域宽广，被誉为"高音 C 之王"。他身形肥胖、不喜运动、嗜好西餐，最终因"胰腺癌"于 2007 年驾鹤西去，令人扼腕叹息。

肥胖引发胰岛素抵抗

肥胖人群为什么多数存在胰岛素抵抗情况，并伴有高胰岛素血症？造成肥胖的主要原因就是吃得多、消耗少，吃进去的食物包括碳水化合物、蛋白质及脂肪等，蛋白质及脂肪可以通过糖异生途径转变为葡萄糖。葡萄糖对于细胞而言是一种低毒性的物质，过量的葡萄糖可以通过多元醇、己糖磷酸途径、RAGE途径及缓慢自燃产生大量过氧化物。胰岛素的主要作用是通过增加细胞膜表面葡萄糖转运蛋白促进葡萄糖转移入细胞内。机体为保护细胞而逐渐产生胰岛素抵抗，也就是细胞对于胰岛素刺激不敏感，以减少葡萄糖进入细胞内。葡萄糖不能进入细胞内代谢，血清中葡萄糖水平就明显增高，形成糖尿病。高血清水平的葡萄糖则刺激胰岛素分泌，造成高胰岛素血症。

胰岛素是刺激细胞增殖的主要合成代谢激素，并且对细胞增殖有直接促进作用。胰岛素与受体结合后可以激活p21/ras/MAPK途径，促进细胞增殖，同时可以激活PI3K/Akt途径而抑制细胞凋亡。胰岛素和胰岛素样生长因子（IGF-1）二者结构、生理功能相似。IGF-1可以作用于胰岛素受体促进细胞增殖、抑制细胞凋亡，增加细胞突变概率。IGF-1还可以促进血管内皮生长因子的分泌，增加新生血管生成，参与恶性肿瘤的生长和转移。高胰岛素血症可以抑制IGF-1结合球蛋白合成，增加性激素的生物利用度，从而增加乳腺癌、子宫内膜癌和前列腺癌等性激素依赖性恶性肿瘤发病率。

胰岛素抵抗是肥胖人群糖尿病、恶性肿瘤发病率高的原因之一。

肥胖的致癌机制

肥胖人群普遍存在高瘦素血症及瘦素抵抗现象。瘦素是脂肪组织分泌的一种激素，可以诱发厌食，从而减少食物摄入、减轻体重，保护机体。但是，瘦素能够明显增加患肿瘤的风险。

通过MAPK信号途径，瘦素可以促进细胞增殖。通过上调VEG-F、TGF-β1、碱性成纤维细胞生长因子等细胞因子，瘦素能够促进新生血管生成，促进肿瘤的发生、发展。

瘦素还可以增加基质金属蛋白酶（MMP）的表达，促进肿瘤转移与肿瘤新生血管形成。瘦素还可诱导脂肪组织分泌芳香酶复合物，促进雌二醇生成增加，增加性激素相关肿瘤的风险。

脂肪组织分泌的TNF-α、白细胞介素（IL-1、IL-6、IL-8、IL-10）与核因子κB（NF-κB），可通过活化细胞内胰岛素信号通路，提高游离脂肪酸水平、降低脂联素水平、抑制过氧化物酶体增殖激活受体，促进机体胰岛素抵抗。这些炎症因子通过影响细胞周期、激活促癌基因表达诱导恶性肿瘤。

肥胖人群高胰岛素血症较为普遍，胰岛素具有类似于胰岛素样生长因子的生理功能，能够促进细胞增殖、抑制细胞凋亡，增加细胞突变概率。

炎症因子激活机体免疫系统，增加过氧化物释放，过氧化物可以诱导 C-Jun 氨基末端激酶（JNK）信号途径，增强胰岛素信号通路促进细胞增殖的作用。过氧化物在细胞内积累，氧化损伤细胞 DNA，诱导 DNA 突变导致细胞癌变。

因此，努力减少能量摄入、通过运动保持体形、积极抗氧化才能从根本上解决肥胖导致的这些慢性疾病，提高肥胖人群的生活质量，改善预后。

性别与ROS

医学科学家们观察到了一个很有意思的现象，女性整体上比男性长寿，也就是性别会影响人类的寿命。决定性别的是我们体内的性激素，即雌性激素和雄性激素，前者占优势人体就表现为女性，雄性激素较多就表现为男性。女性体内也有雄性激素，部分女性体内雄性激素水平较高时也会长出胡须，腋毛和体毛会比较茂盛。男性体内同样含有一定水平的雌性激素，雌激素水平增高时表现为乳腺发育、声音尖锐、胡须退化、阳痿、喉结不发育等。

医学家们还发现，女性在停经前其冠心病、脑卒中等发病率显著低于男性，而停经后则逐渐与男性接近，没有明显差别了。

那么，雌性激素对人体是否起到了保护作用？

科学家们对部分停经女性给予雌性激素补充疗法，保护作用并不显著，而且存在增加性激素相关肿瘤的潜在风险，研究结果可能与随访时间不够长有关。众所周知，吸烟、高血压等危险因素导致冠心病的时间可能需要十几年甚至几十年。

中国历史上还有一类特殊的人群——太监，也就是被切除睾丸的男性。睾丸是雄性激素合成的主要部位，睾丸切除后，男性体内就以雌性激素为主，男性的性征变得不明显，胡须脱落、眉毛稀疏、皮肤细腻、声音不再低沉粗重。这类人群的平均寿命约70岁，高出同时代的普通人群15~20年。当然这个数据并不够精确，仅统计了文献可考的太监，包含的太监人数也不够多。

影响寿命的因素较多，饮食、睡眠、心理、性激素、生活习惯等等都可以影响人类寿命。总体而言，中国男性不良习惯较多，吸烟、饮酒比例明显高于女性。2002年调查数据显示，中国男性吸烟率66%，约半数的男性吸烟者每天吸烟20支以上，而女性吸烟率仅为3.1%。吸烟可以诱发冠心病、脑卒中、肺气肿及恶性肿瘤，缩短人的寿命。儿童和青少年中，男生超重和肥胖率高于女生。在中国，男性随着教育水平和收入增高，肥胖率增高，而女性则呈下降趋势，超重肥胖率较低。肥胖通过增加高血压、糖尿病、恶性肿瘤等疾病而影响寿命。

性别的保护作用可能归结于月经。女性的月经就是子宫内膜周期性的出血、坏死并间断地排到体外，平均持续3~5天，这种主动出血起到了重要的保护作用。出血后红细胞溢出到组织间隙，随后被组织内的单核细胞、巨噬细胞等吞噬破坏，红细胞内的血红蛋白随即被分解为胆绿素和胆红素，并产生一定的热量，女性月经期体温略高于平时的原因就在于此。胆绿素和胆红素具有非常强的抗氧化作用，这种作用可以持续1~2周，甚至更长的时间。这可能是雌激素对女性保护作用的根本机制。流行病学调查显示，血清中胆红素水平与冠心病发病率成反比，胆红素水平越高，冠心病发病率越低，也就是胆红素对于冠状动脉起到了较强的保护作用。

安静与ROS

安静含有两层意思，一是身体处于休息状态，或坐或卧，保持不动；二是思想完全放松，没有任何情绪，不悲不喜、心静如水。人活在世上，无法保持不动，我们能够做到精神放松就可以了。

以静养生就是兴奋迷走神经

传统中医早就意识到情志可以致病，所谓"情志"就是思想活动，并总结出"忧伤肺、恐伤肾、喜伤心、怒伤肝、思伤脾"的规律。以静养生就是讲究内心平静，避免或者减少情绪波动造成的机体损伤。中国传统的"佛、道、儒"三教都讲究修行，其中的主要目标是达到内心的安静，以平常、慈悲、仁爱之心面对世间，减少各种刺激、各种诱惑带来的伤害。

大喜大悲都可以导致疾病，甚至致死。牛皋和兀术是《说岳全传》中的两个重要的人物，牛皋是南宋岳飞元帅帐下的著名将领，嫉恶如仇、脾气火暴，兀术是金国侵略南宋的主要将领，残忍暴虐、杀人如麻。在小说里，这两个人都以猝死同日而终。最后的决战中，兀术被牛皋打落马下，并被后者骑到脖子上羞辱，悲愤而死。牛皋战胜了一生的宿敌，幸福来得太突然、心情过于激动，大笑而亡。尽管存在演绎成分，但这其中也含有不少的科学道理。狂喜、愤恨等激烈的情绪可以导致血压升高、心率加快、心肌收缩力增强，都可以诱发冠状动脉斑块不稳定，引发急性心肌梗死，导致室速、室颤而猝死。

现代医学认为情绪导致疾病是通过内脏自主神经功能来实现的，自主神经包括交感神经和迷走神经。交感神经兴奋时，机体会出现血压升高、心率加快、血糖增高、呼吸急促、胃肠蠕动减弱等表现，与运动或者应激状态相适应。迷走神经兴奋时，血管扩张、血压下降、心率减慢、呼吸减慢、胃肠蠕动加快，促进机体进入休息或者睡眠状态。这两种神经往往交织形成神经节，分布于重要脏器表面，相互制约、反馈调节，以适应复杂多变的环境。

以静养生的实质就是抑制交感神经、兴奋迷走神经，尽量减少交感神经对机体的影响。

迷走神经保护机体

迷走神经兴奋时，机体进入休息状态，可以极大地降低新陈代谢。迷走神经兴奋最为典型的状态就是睡眠。睡眠可以帮助人体各个器官充分休息、快速恢复体力、恢复机体的免疫力，有效抵御病毒、细菌入侵。睡眠时心率可以下降到30~50次/分，骨骼肌处于舒张状态，呼吸肌运动随着呼吸频率和幅度的减少而减少，大脑停止思考，胃肠道消化吸收功能下降、蠕动明显变慢，肝脏合成蛋白质、胆固醇、解毒等活动强度明显下降，肾脏过滤血液形成尿液的速度减缓，尿量明显减少。因此，我们睡眠时不会感到饥饿，也没有食欲，不用频繁起夜上厕所。机体各个主要器官的活动强度明显下降，整个机体的新陈代谢明显下降，仅仅能够维持基本的生理状态。休息时，机体的过氧化物产生数量明显减少，各个脏器有足够的时间清除体内产生的过氧化物，尽快恢复功能。过氧化物浓度越低，淋巴细胞、白细胞等免疫细胞的存活时间就越长，功能就越正常，对于入侵的微生物的反应就越敏感，这就是所谓的"增强免疫力"。

在日常生活中，我们经常遇到一些商品的营销广告都会强调其产品能够"促进新陈代谢、增强机体免疫力"。其实，促进新陈代谢并非什么好事，新陈代谢加快后明显增加过氧化物的产生速度，加速衰老，也破坏免疫细胞的功能。人体的新陈代谢也不能加快，甲状腺功能亢进（简称甲亢），是新陈代谢明显增快的一个例子。患者出现"二多一少"：多饮、多食、消瘦，还有心悸、易怒等临床表现。甲亢可以导致甲亢性心脏病、甲状腺危象等疾病，甚至可以导致患者死亡。甲亢致病的主要原因是新陈代谢加快、ROS产生增多，ROS损伤相应的组织器官。多数保健品对人体产生的作用是兴奋心脏、兴奋神经，虽然人显得较精神，但是长期服用保健品可能导致失眠、高血压，并不能延年益寿。对于这类保健品，我们需要慎重对待。机体免疫力正常就好，不需要增强，后面我们还会谈及免疫亢奋所致的自身免疫性疾病及重症炎症。

在清醒的安静状态下，我们的大脑血流量可以占到全身血流的20%左右，甚至更高。大脑持续工作会明显增加新陈代谢，增加过氧化物的产生。睡眠过少、睡眠质量不高甚至失眠，大脑的新陈代谢不会明显下降，产生的过氧化物会导致头痛、头晕、精神萎靡、情绪不稳定、注意力不集中等问题。长期失眠可以导致皮肤色素沉着、皱纹增多、性功能下降。失眠还会导致抑郁症、焦虑症等精神疾病，自杀率明显增高。失眠也可以影响机体的免疫监视功能，患癌风险增加。另外，失眠可以诱发高血压、糖尿病、早搏、房颤、脑卒中、心绞痛、心肌梗死等疾病。

总之，迷走神经兴奋会降低新陈代谢、促进器官功能恢复、减少过氧化物形成，保护机体。

迷走神经兴奋能够减轻炎症

迷走神经兴奋可以有效地减少炎症因子的释放，明显减轻脓毒血症小鼠的炎症反应，提高小鼠的生存率。迷走神经切除后，机体释放大量炎症介质，小鼠死亡率明显增高。炎症因子可以促进机体产生大量的过氧化物，导致组织细胞的损伤。

单核巨噬细胞在炎症中发挥重要的作用，受到细菌、毒素、免疫复合体等刺激时巨噬细胞可被激活，释放多种炎症因子，包括 TNF-α 和 IL-1。巨噬细胞存在胆碱能受体，可以接收迷走神经刺激信号。迷走神经兴奋后释放乙酰胆碱，可以与巨噬细胞表面的乙酰胆碱受体结合，抑制 ERK 和 p38/MAPK 信号途径，阻断 NF-κB 和 c-Myc 通路，减少 TNF-α 等致炎细胞因子的生成，减轻局部炎症反应。

迷走神经兴奋可以显著降低过氧化物堆积，减少心律不齐和猝死的发生率；可以明显减弱脂多糖（细菌毒素）刺激巨噬细胞释放 TNF-α、IL-1β、IL-6 和 IL-18 等炎症因子。刺激迷走神经还可以促进胆囊收缩素的分泌，后者可以抑制 TNF-α 及 IL-6 的释放。迷走神经兴奋、张力增高可以明显抑制炎症因子释放、降低 ROS 堆积，保护机体。

迷走神经过度兴奋的问题

虽然迷走神经对机体具有保护作用，但迷走神经过度兴奋也会带来很多问题。迷走神经过度兴奋可抑制心肌细胞，导致心肌收缩力减弱，诱发低血压；也可以抑制窦房结，诱发心率变慢；还能抑制房室结，引发房室传导阻滞。

血管迷走性晕厥是年轻女性最为常见的晕厥病因，主要机制就是迷走神经对于交感神经兴奋反应过度，诱发血压下降、心率降低，或者两者同时出现，导致大脑短暂缺血而出现黑蒙甚至晕厥。这类人群多数是较为柔弱的女性，平时运动较少。反复晕厥不但影响日常的工作、生活，也具有一定的危险，尤其是开车、过马路时发生晕厥。

整天静坐、不爱运动就会导致心脏功能较差、内脏神经的调节功能较低。《红楼梦》的主要人物林黛玉出身皇亲贵胄，不事产业、不用劳作，也很少参加体育锻炼，平素唯独喜好读书写字、吟诗作画。轻微的体力活动，甚至跟贾宝玉吵个架，她也会娇喘微微、头晕乏力、心跳增快。至于季节变化，她也容易身染风寒，且难以痊愈。她多疑敏感的性格特点与她的健康状况也有很大的关系。

娱乐至死不符合养生之道

我们所处的时代就是一个矛盾的统一体：压力大，收入低；节奏快，道路堵，这些社会问题加剧了人们的焦虑情绪。我们既要高效率地创造更多的财富，又要放松心情以保持身体健康。这些压力、焦虑都是刺激机体的应激因素，导致机体交感神经兴奋，血压、血糖增高，呼吸、心跳加快，机体产生更多的过氧化物及炎症因子。

目前，市场上大多数流行的娱乐项目都以刺激交感神经为主，赛车、电子游戏、体育比赛、电影、游乐园、户外运动等都会兴奋交感神经，刺激肾上腺素分泌，肾上腺素可以诱发人体紧张、出汗以及大脑皮质兴奋，产生"过瘾"的印象，这就是娱乐活动带给我们的所谓"快乐"。交感神经兴奋可以诱导细胞分泌血管紧张素Ⅱ，增加 TNF-α、IL-1 和 IL-10 等炎症因子的表达，这些炎症因子提高机体 ROS

水平、引起细胞损伤并加快机体衰老。这些娱乐项目并不能让我们的机体得到有效的放松和休息。

我们应当提倡更为科学的娱乐活动，泡温泉、听音乐、刮刮痧、拔拔罐，都可以刺激迷走神经，或者产生抗氧化物质，减轻机体损伤。

加强修养，保持内心安静

我们提倡内心的安静，并非表面的安静。一个人坐在电脑前面，王者荣耀、魔兽传奇，打打杀杀、血腥恐怖，精神高度紧张、大脑异常兴奋，激活机体的交感神经，也会产生较多的过氧化物，并分泌大量的炎症因子。

如果一个人不喜欢运动，整天坐着或者躺着，满脑子胡思乱想、梦想天上掉馅饼，甚至谋划投机取巧以实现快速致富，那么他的内心也不平静，大脑也是兴奋的，大脑持续工作会明显增加过氧化物的产生。

祖国传统医学著作《黄帝内经》记载："恬淡虚无，真气从之，精神内守，病安从来？是以志闲而少欲，心安而不惧，形劳而不倦，气从以顺，各从其欲，皆得所愿。"中医经典非常强调内心修行，认为心静可以预防疾病、保持健康，同时也不排斥运动。

运动与ROS

目前，临床研究对于运动和寿命的关系没有得出一致性的结论，主要原因是运动的强度不好把握，具体到每一个人而言，其运动处方并不相同。总体而言，运动过程中会产生较多的ROS，持续性、高强度的运动对机体不利；而适量运动对机体是有利的。

运动的危害

运动时激活RAAS系统（肾素-血管紧张素-醛固酮系统），交感神经兴奋，交感神经节后纤维释放去甲肾上腺素等神经递质。细胞表面的肾上腺素能受体有 α 和 β 受体两种，刺激肾上腺素 α2 受体可增强 TNF-α2、IL-1 和 IL-10 等炎症因子的表达。β 受体受到刺激后也会产生血管紧张素 II 等炎症因子。这些炎症因子对组织细胞产生不良影响，甚至导致细胞凋亡，也可以诱导机体产生过氧化物。

运动时，机体的肌肉、韧带、骨关节等运动系统活动加剧，消耗较多的能量，呼吸系统增加呼吸频率和深度，吸入更多的氧气为细胞内的糖代谢提供支持，产生较多的能量供给运动系统。运动时，新陈代谢明显加快，肌肉及心肌细胞内的线粒体在提供ATP等能量时产生了大量的ROS，对机体造成不利影响。运动时间越长、运动强度越大，产生的ROS越多，对身体的危害越大。

剧烈运动时，尤其是在较为炎热的夏天，机体大量出汗，带走 Na、Cl、K 等离子，引起低钠血症、低钾血症，诱发心肌细胞生理紊乱，可以出现频发早搏、室速等心律失常，也可以导致猝死。

大量运动产生的过量过氧化物可以刺激血管内皮细胞，诱导内皮细胞分泌内皮素，导致血管痉挛、冠脉闭塞，从而导致急性心肌梗死而猝死。过氧化物也可以氧化冠状动脉内斑块的纤维帽，纤维帽变得脆弱、较易破裂，促进局部血栓形成，导致急性心肌梗死，诱发猝死。中国每年市级以上规模的马拉松比赛多达100多场，每年都有运动员猝死的悲剧发生。无论全程还是半程马拉松，这种比赛对于人体是一个极限的考验。运动员参加这种类型的比赛时，身体内都会产生大量的过氧化物，这是导致猝死悲剧的主要原因。

ROS 氧化肌腱、关节软骨、骨干，长时间剧烈运动会诱发疲劳性损伤，导致肌腱断裂、关节炎症、关节积液及疲劳性骨折等，严重影响运动员的身体健康与职业生涯。过度运动时，端粒酶无法完全修复损伤的心肌细胞，心脏会发生细胞凋亡等病理改变。因此，剧烈运动对于身体的危害不可忽视。

抑制交感神经好处多多

冠心病、高血压、心衰、脑卒中、糖尿病等慢性疾病都与交感神经兴奋关系密切。RAAS 系统是交感神经致病的主要通路。抑制这个通路就可以达到降低血压、减慢心率、保护心肌、稳定血管内斑块的作用，可以明显改善这些慢性疾病患者的预后。

大规模的临床研究也已经证实，抑制 RAAS 系统的相关药物可以明显改善患者的预后。临床上常常使用倍他乐克（交感神经 β 受体阻滞剂）、贝那普利（血管紧张素转换酶抑制剂）、缬沙坦（血管紧张素受体抑制剂）、脑利钠肽（排钠利尿抑制 RAAS 系统）以及螺内酯（醛固酮抑制剂）等药物治疗心衰、冠心病、高血压等，都可以明显缩短患者住院天数、减轻心衰症状、降低患者死亡风险。

运动的好处

运动也会给机体带来较多的好处。运动可以消耗热量、减轻体重、预防肥胖，也可以明显降低血糖、血压，有利于身体健康。

运动刺激机体分泌较多的肾上腺激素，使人产生快乐情绪、消除郁闷，改善精神状态。运动可以锻炼人的体魄和意志，增强心脏的收缩功能，运动可以提高机体的免疫力，减少感染性疾病。

体育锻炼还会增加关节和肢体的柔韧性，增强机体的快速应激能力。运动还会增加身体对钙磷的吸收，增强骨骼密度，减少骨质疏松。老年人最怕跌倒，由于老年人骨质疏松较为常见，跌倒后骨折发生率较年轻人明显增加。颅骨骨折、脊柱骨折可能伤及神经系统导致脑出血、截瘫等，长骨骨干骨折如股骨骨折可以引发脂肪栓塞，导致脑梗、心梗等，其他部位的骨折则严重影响运动功能。骨折后需要手术、需要制动，甚至长期卧床治疗，静脉系统血栓、褥疮、肺部感染等疾病随之而来。跌倒成为老年人群死亡的重要诱因，跌倒致死是美国 70 岁以上老年人居第六位的死亡原因，是我国 65 岁以上老年人的首位伤害死因。

业余时间专注于某项运动，既能够锻炼身体，也能够最大限度地减少其他不良嗜好。人的精力是有限的，当一个人将运动作为一个习惯，用于其他的不良爱好的时间就会被严重压缩。我们在工作、生活中经常遇到各种问题，这些问题带来的压力需要定期释放，运动就是一个最好的办法：既不伤害其他人，又宣泄了不良情绪，还提升了身体素质。

长期适量的有氧运动有助于端粒酶修复损伤的心肌细胞，可诱导线粒体适应性改变，提高线粒体氧化磷酸化能力和抗氧化能力。

适度有氧运动可以抑制心肌 bax 蛋白的表达，促进心肌 *bcl-2* 基因表达，使心肌 bcl-2/bax 比值升高，有利于抑制心肌细胞凋亡，促进心肌细胞存活，延缓心肌衰老。

有氧运动可明显降低机体血清黄嘌呤氧化酶的活性，减少其产生的自由基。有氧运动能够显著提高机体 SOD、CAT 等抗氧化酶的活性，同时能够提高酶的合成量，清除新陈代谢和剧烈运动时产生的大量自由基，改善胰岛素信号传导。可以看出，运动既能够产生过氧化物，也可以通过提高抗氧化酶的活性来减少过氧化物。运动如何来保护我们的机体，关键还是看运动量。

运动所产生的过氧化物整体上是可控的，肌肉及韧带等通过产生无法忍受的酸痛来警示人们运动过量，提示人们降低运动强度，以保护各个组织细胞。运动产生的过氧化物还有一个特点，即这些过氧化物很少会引发适应性免疫反应——自身免疫性疾病的基础。比如从事短跑、球类运动的运动员，通过不断训练提高自己的运动技能，在短时间内运动量可达到一个非常高的水平，同时身体产生了大量的过氧化物，但是，这些运动员患心肌炎、肾炎、狼疮等自身免疫性疾病的概率与普通人群几乎没有什么明显差别。

运动可以明显改善机体的成分，减少体脂含量、提高骨骼肌比例。运动通过增加骨骼肌葡萄糖转运体表达来提高葡萄糖摄取。运动还可降低血清肿瘤坏死因子 - α、C 反应蛋白水平，增高脂联素表达，而血清肿瘤坏死因子 - α 和 C 反应蛋白等脂肪因子促进胰岛素抵抗，脂联素则可以改善细胞胰岛素抵抗。胰岛素抵抗是糖尿病诱发冠心病、脑卒中、恶性肿瘤等并发症的主要机制之一。

适量运动有利于健康

对于普通人而言，适量运动是有益的，即每周 2~3 次运动，每次不低于 1 小时，运动时心率不低于 120 次 / 分。适量运动持续 2~3 年，心脏的泵血功能逐渐增强，每次射血量有所提高，心跳慢一点也可以满足机体的需求。久而久之，静息时的心率就慢慢地降下来。

长期坚持，平静时机体的心跳减慢，呼吸变深，内脏神经就会以迷走神经为主，新陈代谢随之降低、ROS 产生减少。而遇到紧急情况时，机体可以较快地兴奋交感神经，快速泵血、升高血压，以适应应激状态，所谓"静若处子，动若脱兔"。

运动对于人体的好处需要从整体上进行评估即运动对于 ROS、血压、血糖、体重、情绪等方面的影响。单纯从 ROS 方面评估，如果以周为单位来进行计算，得出的结论可能较为科学。每周 168 小时，如果运动时间为 3 小时，这 3 个小时产生较多的 ROS；剩余的 165 小时内心率较慢，机体的代谢减低，产生较少的 ROS。但是，3 小时运动到底多产生了多少 ROS，剩余的时间内缓慢心率到底减少了多少 ROS，还没有人统计过。如果以年为单位来衡量运动的益处，可能适量运动对于机体是有利的。目前为止，我们还没有一个评估新陈代谢的较好的方法，现在大家较为公认的评估指标是心率。从心率这个角度看，长期规律性适量运动可以减慢心率，降低新陈代谢，减少细胞产生 ROS，从而保护机体。

因此，运动对于机体的影响关键看运动量的多少！运动时间长、运动量大，产生 ROS 就多，对机体不利；适量运动，既可以锻炼身体，又可以减慢心率，减少 ROS 产生，保护机体。因此，我们提倡适量运动，既可以锻炼肌肉、增强心脏功能，又可以燃烧脂肪、控制体重。

动静之间，中庸显现

无论是以动养生还是以静养生，中庸之道始终贯彻其中。整天静止不动，打麻将、玩扑克、玩游戏，机体的抗氧化能力、调节能力降低，平时心率较快，产生过氧化物相对较多，而且容易肥胖。但是，如果人们每天都运动、且强度过大，既损伤关节肌肉，又会产生大量 ROS，对机体产生不利影响。因此，动静结合、适度运动才能达到健康养生的目的。

ROS 与亚健康

不良生活习惯引发疾病是一个非常漫长的过程，存在由量变到质变的过程，在还没有引发明确的疾病之前，人们往往会出现疲乏、无力、全身酸痛、精神不振、失眠等表现，而经过仪器设备检查后又没有异常，这种状态称为"亚健康"。这其实是我们人体在慢性疾病和健康之间的一种状态，这种情况是过氧化物在体内缓慢积聚造成的，机体发出酸痛、乏力等信号其实已经在提示我们需要引起重视了，需要我们尽早改正不良生活习惯。

由于我们机体细胞每时每刻都在进行新陈代谢，都会产生微量的过氧化物，这些过氧化物一旦超过我们身体的清除能力，机体就会产生不适，甚至致病。积极抗氧化治疗，机体就可以恢复健康状态。不管不顾、听之任之，甚至不断地增加 ROS，长期持续这种状态就可能促进疾病的发生、发展。

人的寿命受多种因素影响

人的寿命绝对不是单一因素决定的，外界的因素以及人类的某些行为对于健康都会有影响，也会影响寿命。

吸烟、饮酒，喜食熏制、腊制、烧烤、油炸食品可明显增加恶性肿瘤、冠心病、肥胖发病率。每天进食新鲜的蔬菜水果可以减少慢性疾病的风险，延长寿命。

剧烈运动增加关节、肌腱损伤，也会明显增加猝死风险；每天坐卧不动会导致身体肥胖、虚弱，还会明显增加糖尿病、冠心病、恶性肿瘤的发病率。

食盐过多会诱发高血压、增加肾脏负担；饮食无节制会导致肥胖，以至于引发高血压、糖尿病、急性胰腺炎，甚至恶性肿瘤。

重度抑郁诱发自杀倾向增多。

空气污染明显增加支气管哮喘、急性冠心病、肺癌等疾病的发病率。

持续性的高温天气增加脱水、中暑的风险；冷空气、雨雪大风、寒流天气明显增加哮喘、气管炎、肺炎、高血压、冠心病等疾病的发病率；强烈地震可以诱发幸存者精神焦虑；洪水退去后因饮用水污染而容易发生胃肠道传染病，大灾之后必有大疫。

飓风、洪灾、地震、旱灾、海啸等自然灾害，高空坠物、车祸、溺水等各种意外，都会影响人们的寿命。

因此，保持健康、延年益寿并非一个处方、一味良药能够解决的，我们绝不可以迷信于某种保健品、某些神药。

针对这么多的影响因素，我们需要谨慎对待每一个习惯、每一种生活方式，尽量养成一个较为合理、较为健康的生活习惯。这么多的注意事项，我们只需要掌握一个基本的原则——尽量减少过氧化物，努力增加抗氧化能力。

人体就是一个"魔盒"

人体的结构异常精密，器官之间的调控极为精细，生物大分子物质功能非常复杂、"身兼数职"。人体就像一个"魔盒"，能独立、完美运转，我们对其应当尽量减少干预只需要为其提供所需的健康、全面的营养物质，并尽量减少不良刺激。

整体上，人体的各个器官相互协调、相互影响，共同维持稳定的内环境。

营养物质主要从口、咽、食管进入，胃肠道是我们的后天之本，能够将我们的一日三餐消化吸收，源源不断地为机体提供各种能量、原材料、维生素、微量元素等物质。所有食物的残渣通过结肠和肛门排出体外。食物如何充分消化、完全吸收？营养物质吸收后如何转运、再合成？我们并没有完全研究清楚。我们的十二指肠是消化食物的主要部位，肝脏合成的胆汁和胰腺分泌的消化酶经由十二指肠乳头进入肠腔，这些酶类能够消化所有常见的食物，弹性蛋白酶、多肽酶、胰蛋白酶、糜蛋白酶、脂肪酶、磷脂酶、胆固醇酯酶、淀粉酶、核糖核酸酶等，将食物分解为不具备免疫源性的小分子物质，如氨基酸、脂肪酸、葡萄糖、核苷酸等。因此，理论上，我们吃任何食物不应当出现过敏现象。但是，临床上我们经常遇到食用蚕蛹中毒的患者。这些患者所吃的蚕蛹并未变质，进食后出现恶心、呕吐、皮疹、哮喘，甚至过敏性休克等现象。这提示蚕蛹进入消化道后，可能有部分蚕蛹蛋白并未被完全分解为氨基酸，我们的胃肠道也可能直接吸收蚕蛹中所含有的较小分子的蛋白质或者相对长链的多肽。难以理解的是，这些中毒者以后再次食用蚕蛹时不一定会中毒。从未蚕蛹中毒者，日后再次食用也可能会中毒。

慢性萎缩性胃炎临床上非常多见，吸烟、饮酒、幽门螺旋杆菌感染都可以引发胃炎。在改变不良习惯及积极治疗后，相当一部分患者胃炎可以消失，萎缩的黏膜上皮可以恢复。但很多患者不能恢复，这其中的原因何在？胃黏膜基底层的干细胞受损？干细胞受损的界值是多少？另外，从慢性胃炎到胃的恶性肿瘤还需要漫长的过程，其中发生了哪些重要改变？这些改变是如何促进肿瘤发生发展的？

心脏是人体的"发动机"，既能够抽血心脏主动舒张，产生负压将外周静脉内的血液吸回心脏；也能够泵血心室主动收缩，心腔内压力增高，将血液射出去，以维持基本的血压、维持体内的水循环平衡，并保证机体各个器官的氧气和营养物质供给。心脏功能一旦出现衰竭，机体就会出现下肢水肿、胸腔积液甚至肺水肿情况，胃肠道淤血诱发食欲不振。

心脏是一个空腔脏器，我们通过介入手段可以对心脏进行研究，核磁和CT等技术也有很大的帮助。即使如此，我们对于心脏的理解也远远不够。

心室肌肉为什么是三层？三层心肌生理特征有何不同？瓣膜、血管、心肌细胞、传导系统如何紧密连接？心肌细胞膜表面含有钾离子、钠离子、氯离子、钙离子等通道，这些离子通道有无相互联系、相互影响？抑制其中的一个或几个，其他通道是否存在代偿性功能增加？房性早搏、房颤、室性早搏等心律失常的病因是什么？扩张性心肌病发病机制是什么？心脏的这些生理病理机制我们没有完全研究清楚。

现在，我们可以对心脏进行各种手术，包括外科和内科介入手术。几乎最为先进的科学技术在心脏手术领域内都有所体现，材料学、电磁学、力学、光学、声学、电学、磁导航、三维标测等等。但是，这些先进的手术并不能完全复原心脏的功能。起搏器可以代替窦房结带动心脏跳动，但与生理性起搏并不相同，甚至可以引发起搏器综合征。

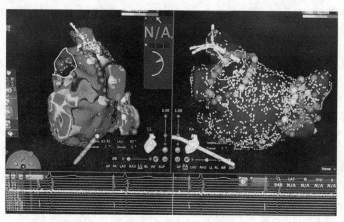

左心房的立体结构，心腔内的导管可以实时显示，三维标测系统融合了电学、磁学、力学等技术（左图为左侧位，右图为后前位并显示半透明状态，红色表示电压较低，代表此处心肌纤维化或疤痕，紫色为电压正常，代表心肌较为正常）

冠脉狭窄的搭桥手术或支架置入手术虽增加了冠脉血流，减轻了心绞痛症状，但冠脉内的斑块并未被清除，置入的金属支架可以诱发局部内皮增生，导致支架内再狭窄。

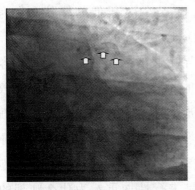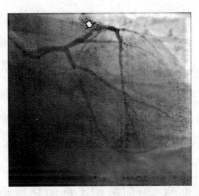

左图可见冠脉内的网状支架（白色箭头），右图为同一血管造影后显示支架内狭窄情况，再狭窄程度约为80%（白色箭头）

金属瓣或者生物瓣可以代替主动脉瓣或者二尖瓣，但金属瓣可以引发血栓形成，需要终生抗凝。生物瓣不需要终生抗凝，但其使用寿命有限，难以超过二十年。

心脏移植可以有效解决晚期心衰，由于供体心脏与受体心脏存在差异，心脏移植手术后需要终生抗排异治疗。人体的免疫系统被抑制后，病毒、细菌、真菌等感染明显增多，甚至可能致死。

射频消融或冷冻消融手术是根治早搏、室上速、房颤等心律失常的有效手段，其代价是牺牲部分心肌细胞。

肝脏是人体的解毒器官，也是重要的"工厂"，所有进入人体的物质都需要到肝脏过滤一遍，药理学上称为"首过效应"，比如口服的抗生素经肠道吸收后都会进入肝脏进行解毒，我们喝到胃里的酒，也需要在肝脏内转变为无毒的物质。另外，肝脏还是最为重要的合成器官，我们所吃的食物在胃肠道消化后在肝脏内需要重新合成，蛋白质、脂肪、淀粉、胆固醇、胆汁酸、胆红素甚至部分激素都是肝脏合成的。

肝脏是少数几个能够再生的器官，再生的触发机制是什么？肝硬化患者的肝细胞为什么不能再生而发生肝功能衰竭？肝硬化诱发肝癌的发病机制到底是什么？乙肝为什么能够诱发肝癌？肝脏除了解毒、合成蛋白质等物质，还具有内分泌的功能，肝脏分泌的激素参与了哪些生理、病理过程？

肺是最为重要的呼吸器官，负责气体交换，将静脉血内的 CO_2 呼出体外，同时将 O_2 交换到血液中，将含氧量较低的静脉血变为动脉血，再回到心脏，由心脏将动脉血运送到全身各处。

肺是人体唯一通过呼吸道与外界相通的内脏器官，因而最容易受到外界微生物的感染，呼吸道传播的疾病也最为常见，绝大多数终末期患者常常合并肺炎而致死。健康成人的肺脏如何预防病毒、细菌的感染？与肝炎、慢性胰腺炎相比，慢性气管炎、肺炎为何诱发肺癌的比例不高？肺结核为什么多数出现在肺尖？理论上，肺内的细胞是可以再生的，为何吸烟人群的肺气肿呈进行性加重？为什么肺部的良性肿瘤非常少？肺动脉高压的发病机制是什么？肺动脉与主动脉都是与心室紧密相连的大血管，为什么肺动脉很少出现动脉粥样硬化斑块？为什么临床上很少见到肺动脉夹层、肺动脉瘤样扩张？

大脑指挥肢体运动，感受外界各种刺激，并具有记忆、运算、设计、统计、创造等人类独有的功能。大脑内较为低级的神经核团还具有内分泌的功能，刺激机体生长发育，关乎情感、情绪及生殖。大脑是一个实质性器官，虽然具有脑室结构，但脑室较小，器械难以进入。脑细胞功能的基础是各种离子形成的电生理，需要在正常生理状态下进行相关研究，麻醉、缺血、缺氧等状态对脑细胞功能都会产生较大影响。动物大脑皮质与人类的大脑存在较大差别，动物实验的数据难以完全复制到人类，这就导致神经系统的药物研发较为困难。

我们对于大脑的认识非常肤浅。记忆的物质基础是什么？短记忆与长记忆有何不同？有些知识我们能够回忆起来，有些为何不行？为什么极少人可以做到"一目十行、过目不忘"？运算是如何实现的？记忆、听觉、情感、视觉中枢如何联动？视觉与运动中枢怎样相互作用、帮助运动员提高成绩？我们每天晚上都会做梦，而自己感觉那么真实，梦是什么？

骨髓、脾脏、淋巴结、胸腺是我们的血液和免疫系统，脾脏负责破坏、回收衰老的红细胞等血细胞，其他器官则产生相应的红细胞、中性粒细胞、血小板、淋巴细胞及单核巨噬细胞等。红细胞负责运输氧气，中性粒细胞是固有免疫的主要执行者，血小板用于止血，单核巨噬细胞既参与固有免疫，也可以通过递呈抗原参与适应性免疫，淋巴细胞是适应性免疫的效应细胞。

血液系统也是非常复杂的，这些血细胞都是由祖细胞分裂、分化而来，功能虽有差别，也存在部分重叠。红细胞参与免疫反应方式和结局与淋巴细胞有何不同？CD8$^+$T淋巴细胞产生穿孔素，B淋巴细胞（浆细胞）分泌抗体，都是效应细胞，在免疫反应中，这两种细胞如何权重？T淋巴细胞和B淋巴细胞都参与了自身免疫性疾病，哪个为主？淋巴细胞之间能够相互转化吗？淋巴细胞非典型增生与淋巴瘤病理表现极为相似，非典型增生进展到淋巴瘤是哪些基因发生了改变？

肾脏是所有营养物质代谢的出口，是机体最为重要的"排毒"器官。葡萄糖、脂肪酸及蛋白质脱氨形成的碳骨架等碳水化合物代谢产生的水、蛋白质代谢产物尿素、嘌呤形成的尿酸、肌酸终产物肌酐等等都需要经过肾脏过滤并以尿液的形式排泄出去。肾脏皮质主要是肾小球，肾小球主要由毛细血管组成，血管团外周包绕足细胞及系膜细胞，共同构成过滤器，将代谢废物过滤掉。肾脏髓质主要为肾小管，具有再回收的功能，可以把滤出的蛋白质、多肽、葡萄糖、脂肪酸等营养物质重新吸收入血液。肾脏还具有调节血压的功能，通过分泌肾素，也可以通过排尿来调控血压。肾脏也可以分泌促红细胞生成素，维持红细胞数量的稳定。肾脏功能衰竭的患者常常伴有明显的贫血，这种贫血即为肾性贫血。

肾脏是由毛细血管团组成的肾小球为基本单位，肾小球内皮细胞与血管内皮细胞有何不同？肾炎或肾病会影响系膜细胞或者足细胞，其中的机制是什么？足细胞可以再生，肾病患者为什么症状会越来越重？肾小球肾炎、肾病综合征可能的诱因是什么？与上呼吸道感染相关的话，这类疾病是否可以看作自身免疫性疾病？自身免疫性疾病难以治愈，在上呼吸道感染早期阶段进行干预，或许可以预防这些疾病。中医所谓"肾虚"与"肾功能不全"是否含义相同？

另外，我们还有生殖系统、内分泌系统等。

心肌、肺泡上皮、神经元、眼角膜等部位的细胞是不可再生的，我们需要尽力保护好这些组织细胞，一旦受损，相应器官的功能就会受到影响，难以恢复。肾脏、肝脏、胃、肠、骨髓、淋巴系统、皮肤等器官的细胞受损后可以部分或者完全恢复，但是也存在着一定的极限，超出其限度，器官衰竭不可避免。

器官之间相互影响

机体的这些器官各司其职，但又相互影响，临床上出现的累及多个器官的综合征也就可以理解了，肝肾综合征、心肾综合征、肺性脑病、肝性脑病、肺心病、多器官衰竭综合征等等。

一般而言，相邻器官之间影响较大。心脏和肺脏在胚胎发育时就相互诱导发育，缺少一个器官，另外一个器官就难以完整发育。现在较为成熟的培养器官是皮肤，但这种人工皮肤不含毛囊、汗腺、皮脂腺等结构，功能过于简单，不具备调节体温、滋润皮肤的功能，难以大面积使用。心脏含有心肌、血管、瓣膜、传导系统等不同组织，其完整发育需要肺脏等周围器官的诱导，体外培养更是难上加难。

左心功能衰竭时，心脏无法有效地将心室内的血液喷射到主动脉内，左室舒张末期内压增高，肺静脉内血液无法回流到左室，血液就会淤积在肺脏内，引起肺淤血、肺水肿，严重影响气体交换，导致喘憋，甚至因呼吸衰竭而死亡。慢性气管炎和肺气肿可引发肺动脉内皮增生、管腔狭窄，肺动脉压力增加，右心室内压也出现顺应性的增高，诱发右心系统功能衰竭。全身静脉系统内的血液难以返回右心室，导致全身水肿、腹水、胸水等。

左心衰竭时，心脏射血功能下降，脑部供血减少，人会出现精神恍惚、幻听、幻视，病情进一步加重可能出现嗜睡，甚至昏迷。心衰引发血压偏低时，肾脏血流灌注不足，可以导致肾功能不全，出现少尿甚至无尿等情况。当然，心脏、肝脏、大脑、肺、造血系统、肾脏等器官对全身都会产生影响，这就需要内脏神经系统来协调，发挥远距离调控的功能。

现在已知，各个重要器官都能够分泌相应的激素，心脏可以分泌脑钠素、利尿肽；肾脏分泌促红细胞生成素；大脑的丘脑部位分泌多巴胺、松果体分泌褪黑素；脑垂体分泌促肾上腺皮质激素、促甲状腺激素、促性腺激素、生长激素等；肺脏也可以分泌前列腺素、5-羟色胺；等等。这些激素可以发挥近距离和远距离调节的作用。

血管内皮细胞，主要是各级动脉内皮细胞，是已知人体最大的内分泌器官，不同部位的血管内皮细胞合成和分泌的细胞因子略有不同，这些细胞因子包括细胞间黏附分子、转换生长因子、一氧化氮、一氧化碳、内皮素、血管生长因子等等。这些细胞因子主要在局部发挥作用，甚至仅仅作用于自身细胞，称为"自分泌"。

血液系统的各种细胞，中性粒细胞、淋巴细胞、巨噬细胞、血小板等可以分泌干扰素、趋化因子、各种白介素、肿瘤坏死因子、基质金属蛋白酶、转化生长因子、黏附分子等。其中，仅白介素现已知的就达 17 种之多，不同种类的白介素还可以分为 α 和 β 等亚型，多数白介素发挥促进炎症反应的作用，少部分白介素具有抗炎作用。这些血液细胞因子可以在局部发挥自分泌的功能，也可以发挥内分泌的功能，影响其他器官或者全身。

这些细胞因子作用于不同的细胞会产生不同的效应，在不同的炎症背景下，细胞因子还会表现出异于平常的效应。

这些激素、细胞因子和内脏神经共同构成了内脏器官的调控网络，精细协调、快速繁杂，我们对此还无法实时动态模拟。

内脏神经协调各个器官

内脏神经系统统一调控内脏器官，迷走神经协调各个器官在休息状态下运行，而交感神经则保证各个器官适应机体的应激情况。当夜间遭遇地震时，我们需要马上从睡眠状态转变为紧张状态，做好准备，以转移到室外安全的地方或者更为安全的房间。这时，我们就会感觉心慌、气喘、手抖，这是交感神经发挥了作用。交感神经激活后可以直接导致靶器官兴奋，也能够促进肾上腺分泌肾上腺素，从而引发心跳增快、心肌收缩力增强、呼吸频率增加、骨骼肌兴奋。交感神经兴奋的直接后果是引起血压和血糖升高、血液中的氧气含量增加，为肌肉组织提供能量和氧。同时，内脏器官血管收缩，外周器官——主要是肌肉、关节的血管适度扩张，输送更多的能量和氧气到肌肉中，增加肌肉收缩力度和速度以备随时逃生。应急情况下，机体每个内脏器官对于交感神经的反应是不一样的，心脏、肺的反应最为敏感，人体四大生命体征——体温、脉搏、呼吸频率、血压都与这两个器官密切相关。应急状态下，机体的总原则是"抓大放小"，优先保证最为重要的器官，以保障机体的生存。

但是，应急状态不能一直持续下去，持续性的高血压、剧烈的肌肉收缩、大幅度的呼吸运动会消耗大量的氧气和能量，需要及时进行补充，产生的代谢废物也需要及时排出体外。应急状态下，机体短时间内产生了大量的过氧化物，这些过氧化物可以无差别地损伤机体的各个器官组织。危险一旦过去，机体需要马上进入放松状态，以尽快恢复各个器官功能、补充能量、清除过氧化物。从应急状态转变为放松状态就需要迷走神经激活以对抗交感神经的兴奋作用，同时，肾上腺素很快失活也能够促进机体进入放松状态。

自然界中，我们经常可以看到这样的场景：羚羊通过飞速奔跑和灵活的跳跃躲过了狮子的偷袭，仅仅几分钟，它就在不远处停下来，边摇尾巴边啃草，并不时地注视着狮子的动向。刚才的偷袭好像从来没有发生过，羚羊好像很快就忘掉了差点丢掉性命的时刻，而且神情和肢体语言表现得似乎很愉快！羚羊能够逃过一劫靠的就是机体所有器官的集中输出，这就是面对生死存亡的一种应急状态。参与偷袭的狮子也仅限于几分钟的奔跑而已——即使距离猎物非常近，没有得手的话，它也会及时停下来。狮子的捕猎行为是为了获得一顿食物，需要剧烈运动，也是一种应急状态。狮子的体型庞大，捕猎行动产生的过氧化物的数量跟羚羊相比根本不是一个数量级别。这种体型的食肉动物只能靠偷袭而不是长途奔袭捕猎。如果再多坚持几分钟，狮子可能会被体内急剧产生的过氧化物"烧死"。为了一顿午饭而赔上性命，狮子不会这么愚蠢。

我们人类也是一样，男子百米短跑的世界纪录是9.58秒，二百米的纪录是 19.93 秒，四百米的纪录是 43.03 秒，平均下来奔跑的速度随着距离延长越来越慢。这些选手的体型也与其运动项目有关，百米短跑选手清一色的肌肉发达、高大威猛——百米冲刺需要爆发力，马拉松选手里没有胖子，肌肉细长——万米长跑拼的是耐力，瘦长的体型才能最大限度地减少能量消耗、减少过氧化物产生。我们多数人都体验过短跑后的感觉：肌肉酸痛、全身烧灼、心慌不已，这种状态可能会持续几个小时甚至全天，这是机体迅速产生肾上腺素并短时间内燃烧碳水化合物并产生了大量过氧化物造成的。

休息是为了聚集能量，准备下一次应急。休息状态下，迷走神经发挥主要作用，呼吸、心率变慢，肌肉、关节收缩力度下降，机体的能量代谢显著下降。我们生存在这个世界，随时可能会遇到各种各样的危险，有自然的，也有人为的，这些危险可能会致残、致死。这就要求我们的机体随时能够在应急和放松状态下进行转换，这种转换考验机体的协调能力，转换之间也会伴随风险。

交感神经或者迷走神经都是一套系统协调多个器官，既要统一又要有针对性，这就存在着矛盾。交感神经纤维和迷走神经纤维往往交织在一起，形成神经节，分布于重要内脏器官的表面，神经节再发出节后神经纤维，共同调控器官的功能。这种解剖上的复杂性就决定了神经调节的多样性。神经系统还具有一定的内分泌功能来影响靶器官。未来，如何在宏观上研究各个器官之间协调运行将是一个较为重要但难度较大的课题。

细胞就是一个"黑洞"

细胞具有较强的"自主性"

细胞是执行人体功能的最小单位,在新陈代谢过程中,细胞各取所需,反馈抑制。葡萄糖是细胞代谢所需要的最为基本的物质,细胞代谢旺盛需要葡萄糖供能较多时,细胞膜的葡萄糖转运蛋白表达明显增加,以加快葡萄糖进入细胞。当细胞内的葡萄糖聚集过多时,葡萄糖会抑制葡萄糖转运蛋白表达,以减少转运。如果血清内也缺少葡萄糖,细胞就会明显增加脂肪酸或氨基酸等物质转化为葡萄糖,即"糖异生",葡萄糖浓度增高后就会反过来抑制糖异生的关键酶,从而避免产生过多葡萄糖,造成浪费。其他物质的代谢也基本上遵循类似的规律。

自然界的物理定律并不适合细胞内的微观世界

身材越高,足部的细胞承受的压力就越大,细胞膜就应当越厚、细胞骨架就应越粗大。细胞内蛋白质质量较大,脂肪、碳水化合物质量较小,受到重力影响,蛋白质应当沉积在细胞的基底层,脂肪、碳水化合物"漂浮"在细胞顶部。细胞内生物大分子物质的这种分布可能会严重影响细胞的各种代谢与物质交换。

事实上,细胞内的各个生物大分子及各个细胞器生活在一个"水世界",而且是凝胶水世界!细胞内的蛋白质、多肽、胶原等分子具有较强的吸水性,可以与水分子结合形成凝胶,并产生较强的浮力。细胞内的各种物质漂浮其中,而且这种浮力远远大于物质本身的重力参与新陈代谢的各种生物分子就可以较为顺利地从细胞的基底层运动到细胞顶部。与重力相关的定律可能在此难以发生作用。另外,细胞内的蛋白质等生物大分子物质以及细胞器等可能存在特殊的运动通路,比如借助微管、内质网系统等等,以减少这些物质移动所需的能量。

细胞膜是物质进出细胞的主要屏障

细胞膜的主要形式是双分子层磷脂，还包含一定的胆固醇，能够限制蛋白质、葡萄糖、带电离子及水等物质进出细胞。细胞膜上镶嵌着不同的蛋白质，这些大分子物质组成了各种通道，帮助转运蛋白质、葡萄糖、脂肪酸以及各种带电离子。细胞膜的作用是保护细胞，也具有重要的生理意义。细胞内含有一定浓度的钠离子、氯离子，以保持一定的渗透压。如果不加限制，细胞内的钠离子及氯离子浓度过高，细胞就会吸收过多的水分，胀裂而死。这些离子除了维持渗透压，还能够产生一定的电势，以保持细胞的应激性，特别是心肌细胞和神经细胞。心肌细胞一旦失去应激性，对于外界的所有刺激都没有反应，心脏就会停止跳动，人就会死亡。这些离子进出细胞受到离子通道的控制。细胞表面的离子通道多达十几种，钠离子、钾离子、钙离子、镁离子、氯离子等等，其中钾离子通道分为快速通道、缓慢通道等，缓慢通道还可以再分为几个亚型，非常复杂这体现了离子电流调节的精密与严谨。这些通道主要由蛋白质构成，这些蛋白质本身具有酶的催化活性，或者与下游的蛋白酶相连，引发酶促反应，影响细胞代谢。

细胞膜上还含有大量的配体，这些配体多数由蛋白质组成，经过葡萄糖、甘露糖、鼠李糖、氨基葡萄糖等基团的修饰，形成较长的碳链，这些不同种类的单糖可以排列成不同的组合，形似各种各样的"天线"。配体上的"天线"可帮助细胞识别各种外来的信号，并与之结合，诱发配体结构改变。配体也是蛋白酶，配体活化后可以激活下游的信号通路，实现细胞对外界刺激的反应，并对细胞新陈代谢进行调节。

细胞器众多，功能复杂

细胞浆内的溶胶含有各种生物大分子及各种离子小分子，蛋白质是细胞浆的基本成分，能够吸收各种小离子及水，形成抗压性极强的溶胶，帮助维持细胞的基本形态。细胞内蛋白质含量下降，细胞内的水分就会渗出至细胞间隙，导致水肿。同时，蛋白质还能够充当各种酶类，参与新陈代谢的过程。

细胞浆内还有大量的微管系统，组成细胞的骨架，像脚手架一样撑起细胞的外形。各种酶类、核糖体等细胞器可以借助微管系统定向转运，方便快捷。这些微管与细胞表面的蛋白质结合，也可以与细胞基底部的胶原层连接，能够接受细胞外的各种信号刺激。微管系统在激酶的调控下能够快速地组装和拆解，细胞的外形就可以不断地变化，这样就实现了细胞的变形、游走、吞噬等运动。

细胞内还含有线粒体、高尔基体、内质网、核糖体等各种细胞器。线粒体为细胞提供能量，为机体提供热能，线粒体也是细胞凋亡的策源地。核糖体是合成蛋白质肽链的场所。内质网则进行蛋白质的粗加工，如糖基化、蛋白质折叠等。内质网还可以转运蛋白质，也具有分解毒物的功能。内质网还参与脂类、离子和糖类的代谢，脂类、糖类物质的中间代谢物的某些基团用来修饰蛋白质，使之成为较成熟的蛋白质。高尔基体是蛋白质筛选和再加工的场所，也是膜转化、运输的载体。

蛋白质合成、修饰、折叠等过程一旦出现问题，细胞将会立即启动蛋白质分解程序，将蛋白质分解为一个个的氨基酸。机体不惜牺牲一部分能量来从头合成蛋白质，主要原因是错误的蛋白质不但无法执行功能，甚至可能引发灾难性的后果。某些致癌基因可以促进"阉割"蛋白质（蛋白质失去了与配体结合的"头部"，但仍保留尾部，尾部具有蛋白激酶的活性，且其活性不再受到机体的控制）的表达。这种蛋白质一旦被激活，将会持续发挥促进细胞增殖的作用，诱发恶性肿瘤。

细胞核位于细胞中央，含有控制所有生命活动的遗传密码DNA。细胞所有的代谢活动都由细胞核发出指令并控制，而所有代谢活动都会影响DNA功能。细胞核外面包绕着具有保护作用的核膜，以控制调节蛋白质等物质的进出。细胞核并不是孤立存在于细胞内，细胞核与胞浆内的微管系统、内质网联系紧密。

细胞内的这些细胞器位置并非固定不变，细胞器之间存在相互联系，且随着代谢状态的改变而改变。负责细胞器之间连接的是内质网。从整体上看，内质网几乎遍布细胞的各个角落，可以分别与细胞膜、细胞核、核糖体、高尔基体、线粒体等连接，含有核糖体的内质网又称为粗面内质网。内质网表面含有肌动蛋白与桥连蛋白，可以助力线粒体等细胞器的移动，并影响细胞器的功能。内质网含有大量的钙离子，也是蛋白质合成、分拣与成熟的中心，与其他细胞器共同发挥重要的调节作用。

这些细胞浆内的细胞器既相对独立，又相互协调、相互影响。细胞能够独立完成糖、蛋白质、脂肪酸等物质代谢，完成 DNA 复制、细胞增殖，俨然一个独立小王国。

蛋白质调节机制繁杂

蛋白质的修饰化调节存在多种方式，磷酸化是最为常见的方式。线粒体产生的能量主要储存于 ATP，ATP 含有两个高能磷酸键，这两个高能磷酸键化学性质较为活泼，可以很方便地与蛋白质的氨基酸残基结合，蛋白质磷酸化修饰后空间结构发生改变，其功能就会发生相应改变。细胞内还存在大量的磷酸酶，可以快速地将这个磷酸基切掉，恢复蛋白质本来的结构。细胞通过磷酸化而不是通过合成或者降解蛋白质来改变蛋白质空间结构，从而影响蛋白质功能。这种调节方式不但为机体节约了大量能源，而且实现了细胞快速性的调节来适应细胞内外环境变化。

除了磷酸化修饰，蛋白质的调节方式还有乙酰化、甲基化、硝基化、亚硝基化、亚砜化、糖基化、羰基化等等，这些调控方式需要将不同的活性基团转移到蛋白质肽链的特殊氨基酸位点，其中以丝氨酸、苏氨酸、酪氨酸等氨基酸残基较为常见。这些修饰需要特异的酶类进行催化反应，这些调节方式并不常见。细胞内的各条代谢途径相对独立，而又相互关联，其中的蛋白质或者激酶既可以独立发挥作用，又能够共用，而且在不同反应中发挥不同的作用。

蛋白质呈"多面人"特点

同一种蛋白质与不同的物质结合会发挥不同作用，甚至发挥完全相反的作用，这是为了集约资源、高效调控的需要。

HBx蛋白质是乙型肝炎病毒X蛋白，既可以定位于线粒体，又可以定位于细胞核或者细胞质，可以与线粒体电压依赖性阴离子通道3结合而影响线粒体膜电位。乙肝病毒感染肝细胞后，HBx蛋白既可以诱导细胞凋亡，在其他特殊情况下又可以抑制细胞凋亡。肝细胞合成过量的HBx蛋白可以导致线粒体聚集、线粒体膜电位下降，线粒体释放细胞色素C，诱导细胞凋亡。HBx蛋白还可以诱导Bax蛋白的线粒体转位，促进细胞凋亡。然而，在饥饿的环境下，HBx蛋白能够抑制线粒体释放细胞色素C，HBx蛋白也可以抑制天冬氨酸蛋白水解酶-9（caspase-9）活化，从而抑制线粒体相关凋亡。

内皮性一氧化氮合成酶（eNOS）也存在类似的现象，二聚体形式的eNOS具有分解精氨酸形成一氧化氮的功能，产生的一氧化氮可以扩张血管、抑制血小板凝集、抑制白细胞等聚集，具有预防动脉硬化、扩张血管的功能。但是，单体形式的eNOS则能够产生ROS，促进局部炎症、加快动脉内皮硬化。

细胞信号通路交叉融合

细胞内调控机制的复杂程度、器官内的调控以及器官之间调控的复杂程度远远超出了我们人类的能力，仅仅细胞内信号通路之间的协调、交叉、融合就让我们无从下手。在后面的恶性肿瘤章节部分，我们还会重点讲述涉及恶性肿瘤的信号通路，这些通路多达十几条甚至几十条，而且信号通路之间并不是孤立的。

NF-κB是细胞内重要的核因子，参与多条信号通路。TNF-α、白细胞介素（IL-1β、IL-2、IL-6、IL-8、IL-12）、iNOS、COX-2、趋化因子、黏附分子、集落刺激因子等都可以激活NF-κB信号通路，NF-κB作为不同刺激因子的共同下游因子，广泛参与了炎症反应、免疫应答及细胞增殖等。NF-κB激活后促进CyclinD1、c-Myc、MMP-9、VEGF 等细胞因子的合成，调控细胞周期、新生血管生成、细胞浸润与转移、抗凋亡等等。可以看出，抑制 NF-κB 应当能够明显阻断肿瘤的发生、进展与转移。但是，抑制 NF-κB 也可以明显抑制免疫反应，引发机体的继发感染，甚至诱发肿瘤扩散。

关乎细胞生存的信号通路必定是多元的，通路之间会相互协调。如果只有单一的信号通路来控制新陈代谢，信号通路中的某一个分子只要出现问题，整个信号通路就会崩溃，导致细胞坏死、器官衰竭，甚至死亡。

恶性肿瘤细胞没有特异的代谢通路

恶性肿瘤细胞就是我们自身正常细胞突变而来，其细胞内信号通路与正常细胞相差无几，仅仅是表达程度高一点或者低一点而已，并不特异。恶性肿瘤细胞会充分利用人体的各种资源、各种通路，并不会另辟蹊径。恶性肿瘤细胞不但没有特异性的表面抗原，也没有特异性的信号通路。如果盲目使用信号通路关键蛋白酶抑制剂治疗恶性肿瘤，很有可能损伤正常的组织器官。

靶向治疗的原理是使用特殊药物抑制信号通路的关键蛋白分子，阻断这条通路，以促进肿瘤细胞死亡、抑制恶性肿瘤细胞增殖、分裂或者抑制肿瘤新生血管形成，减少肿瘤体积、降低肿瘤细胞转移。虽然非常精准地抑制了某个关键分子，但是，这条信号通路并非肿瘤细胞独有，正常细胞也存在。因此，靶向治疗的效果欠佳，毒副作用非常大。

舒尼替尼是一种多靶点酪氨酸激酶抑制剂，能够抑制血管内皮生长因子受体 -2（VEGFR-2）、VEGFR-3 和 VEGFR-1 的酪氨酸激酶活性。而 VEGF 可以诱导新生血管形成，这些新生血管既包括正常组织器官内的血管，也包括肿瘤新生血管。VEGF 具有促进肿瘤生长、促进恶性细胞转移的作用。舒尼替尼通过特异性阻断 VEGFR/ 酪氨酸激酶信号传导途径，达到抑制肿瘤新生血管形成之目的。在应用舒尼替尼治疗中晚期和转移性宫颈癌中，临床患者的无病生存期平均仅为 3.5 个月，瘘管形成率却高达 26.3%！

瘘管形成的原因与舒尼替尼损伤子宫及其周围组织的正常血管有关,血管闭塞或狭窄后,子宫及其周围的肠道或者膀胱组织坏死,形成与宫颈之间的瘘管,瘘管明显增加患者感染的机会,也明显增加肿瘤患者的死亡风险。由此可见,靶向治疗其实并不精准。VEGFR/酪氨酸激酶信号传导通路在很多组织中都会发挥作用,阻断这条通路也会引起这些正常器官的坏死。这类药物毒副作用较大,终将会被临床淘汰。

多数细胞具有逆向分化的能力

人体内的各种组织细胞,除了心肌细胞、神经细胞等终末分化细胞,其他类型的细胞具有逆向分化的能力,也就是从现在的成熟状态再次变为幼稚状态。

上皮细胞排列整齐,细胞侧面之间形成缝隙连接,彼此之间形成接触性抑制。上皮细胞具有明显的极性,基底面与基底层紧密连接,顶端游离,凸向内腔。

在损伤修复或者细胞变异时,上皮细胞可以出现逆分化:细胞失去极性,细胞之间连接松散,细胞内部帮助运动的弹性蛋白与肌动蛋白表达增加,细胞表面失去上皮细胞的特征性抗原,具有某些间质细胞的抗原。这种逆分化的细胞也可以转化为其他类型的细胞。这些"返祖现象"表明,机体的多数细胞具有成为"干细胞"的潜能,这其实是为了更好、更多地对组织细胞进行备份。

逆分化涉及的分子机制与恶性肿瘤细胞的上皮—间质转化类似,Notch/TGF-β 等信号通路与逆分化密切相关。

细胞内存在太多的未知领域

一个小小的细胞含有这么多蛋白质、多糖、脂肪及其相互之间的结合物等大分子物质,还含有海量的 miRNA、特殊氨基酸、多肽等小分子活性物质。这些物质在细胞内都具有一定的生物活性,这些物质之间可以相互作用、相互影响,在不同时间、不同地点相互作用的结果并不相同,甚至完全相反。

现有的研究手段可以发现某些生物分子物质表达明显增高或者明显降低的结果，表达差异不明显的结果我们并未对其进行深入研究。但是，这些差异不明显的结果在细胞内不一定没有意义。任何事物都会从量变到质变，微量改变只要累积足够，就可以对细胞产生影响。

蛋白质之间、蛋白质与miRNA之间的相互作用，尤其是后者，蛋白质与miRNA的结合是紧密的还是偶遇的？现在，我们对于实验中发现的蛋白质与其他物质的结合体只能通过蛋白质的氨基酸序列分析来推测蛋白质之间是紧密结合还是疏松的吸附，蛋白质与miRNA或者多糖等的关系就难以通过序列分析、结构分析来搞清楚。

细胞核内DNA含有的基因有多少种？在人类胚胎早期的某个时间节点上，细胞内会有大量的基因开放，同时有大量的基因关闭。在下一个时间节点上，又会有新的基因被激活，而上一个时间节点开放的基因可能继续激活或者关闭。其中，任何一点小小的差错都会导致严重的后果——器官发育缺陷、不发育甚至导致胚胎死亡。那么，究竟谁来控制这一切？

这些基因在胚胎期、婴儿期、青少年期、中年期以及老年期发挥的作用相同吗？在不同的年龄阶段，基因激活与失活有何不同？处于无功能状态的基因以后还能否再次被激活？现在没有任何一个人能够回答这些问题，对细胞研究得越多、越深入，我们既往的知识颠覆的就越多，就像宇宙中的"黑洞"一样，宏观世界的物理、化学、生物定律在细胞及生物分子层面可能不会适用。

ROS与糖尿病

近20年来，中国糖尿病患者呈爆发式增长。据统计，中国现有糖尿病患者约1亿人，预计至2040年糖尿病患者将增至1.5亿。糖耐量异常人群就更为庞大，据不完全统计，成年人群中接近一半的人存在糖耐量异常，而且这部分人群正以每年5%~8%的速度发展成为2型糖尿病。

糖尿病患病率的增长与人体的进化有密切的关系。人类最早的原始状态为衣不遮体、食不果腹，很少衣食无忧，也就很少出现持续性高血糖的情况。因而，多数降低血糖的激素就没有必要了。在漫长的进化过程中，人体只保留了一种降低血糖的激素——胰岛素。这种激素由胰岛分泌，胰岛的功能储备较大。胰岛素的功能是促进葡萄糖转移进入细胞内代谢，从而降低血糖。

从世界发展历史看，人类解决温饱的历史不过百年。糖尿病在近代较为流行，与人类生活水平提高有密切的关系，进食的热量明显增加，而体力劳动明显下降。随着制造业的进步，众多体力劳动被机械取代，播种机、插秧机、收割机取代了刀耕火种，挖掘机、搅拌机、混凝土输送机取代了手拿肩扛，效率极大提高，人们的劳动强度明显下降。

糖尿病发生的机制

糖尿病是怎么发生的？简单来讲就是吃得多、消耗少。长期暴饮暴食，胰岛的内分泌功能耗竭，导致胰岛素分泌严重不足；运动过少、肥胖、高血糖等情况可以诱导组织细胞产生胰岛素抵抗，对于胰岛素不敏感。

在降糖药物及胰岛素广泛使用以前，糖尿病患者病情难以控制，最终死于糖尿病肾病、冠心病、脑卒中、继发感染等并发症。"人一生消耗的粮食是一个定数"具有一定的道理。年轻的时候吃得过多，高血压、糖尿病、肥胖、冠心病等疾病患病概率就会明显增加，这些疾病明显增加死亡率，难以长寿。每天坚持限制饮食摄入被证明可以明显延长寿命。

葡萄糖在新陈代谢中处于中心地位

葡萄糖是我们人体最为直接的能量供给物质，也是最为廉价、最容易获得的能源。葡萄糖可以通过不同的途径为核糖、氨基酸、脂肪酸、氨基葡萄糖等分子提供基本的碳链骨架。因此，葡萄糖在人体各种物质的新陈代谢中处于中心地位，无论生物大分子的合成还是生物大分子之间的转化都涉及葡萄糖的相关代谢通路。

葡萄糖代谢相关的通路多达 5 条：糖酵解、糖异生、磷酸戊糖、己糖胺、多元醇途径。体内含有碳链的物质如氨基酸、脂肪酸、乳酸、丙酮酸、乙酰乙酸等都可以经过糖异生途径转变为葡萄糖，以供应大脑等重要器官能量所需；这些碳氢化合物都可以通过氧化磷酸化最终分解为 CO_2 和 H_2O。

体内各种复杂大分子的合成都离不开葡萄糖的代谢，激素、糖脂、核糖、神经鞘磷脂、神经鞘糖脂合成及细胞表面抗原的糖基延长等等，都以葡萄糖磷酸戊糖或己糖胺途径中的中间代谢物为原料。

葡萄糖在细胞内可以转变为五碳糖，这是组成 DNA 的基本碳链，位于碱基的外侧。在肝脏及小肠黏膜，细胞能够利用磷酸核糖和氨基酸合成嘌呤核苷酸，而谷氨酰胺和二氧化碳也可以在酶类的催化作用下合成嘧啶核苷酸。决定生命特征的遗传物质是由简单、廉价、非常容易获得的葡萄糖、氨基酸和二氧化碳等小分子物质合成的。人类将生命密码的合成技能掌握在自己手里，极大地增加了遗传物质的遗传稳定性，增加了物种生存的概率。因此，核苷酸并不是一种营养物质，机体完全可以自主合成。相反，如果作为营养物质长期、大量食用核酸，机体核酸代谢产物明显增多，可以诱发痛风等疾病。

蛋白质的功能非常重要，但是其合成和分解较为简单。蛋白质翻译后修饰反而更为复杂，蛋白质的肽链合成（翻译）后，某些氨基酸残基特别是丝氨酸、苏氨酸、半胱氨酸等部位需要修饰，参与修饰的基团包括糖基、乙酰基、甲基、磷酸基等，与氨基酸残基结合后可以改变蛋白质的活性或者改变蛋白质的空间结构，以适应不同的代谢状态，其中的糖基、乙酰基和甲基等基团由葡萄糖代谢途径提供。

葡萄糖可以转化为乳糖、鼠李糖、半乳糖、甘露糖、葡萄糖酸等其他形式的单糖或者多糖，添加到蛋白质或者多肽等分子表面的氨基酸残基上，形成细胞表面的各种抗原。这些抗原组成各种各样的细胞"天线"，以识别不同的信号，并帮助细胞对各种信号刺激做出反应。

葡萄糖通过己糖胺途径转变为氨基葡萄糖，这是关节软骨的主要成分，具有保护关节的功能。老年人的氨基葡萄糖合成减少，关节软骨出现受损，导致关节废用，关节活动受限。临床上，口服补充氨基葡萄糖可以减轻关节疼痛、关节劳损等症状。

自然界中处处存在着"糖"，当然这些物质多数以多糖形式存在。马路两边的高大树木、灌木、青草、鲜花，田野里的庄稼、杂草，办公室里的纸张和家具等等，都含有大量的纤维素，纤维素是支撑花草树木、高粱玉米、水稻小麦等植物外形的主要成分。纤维素是一种长链的多糖，人类的消化系统无法将其转变为葡萄糖，但是食草类动物，马、牛、羊、骆驼等具有这种能力。"吃进去的是草，挤出来的是奶"。牛羊等动物的胃内含有特殊的细菌，能够将草、树叶、树枝里的纤维素转化为葡萄糖，并将葡萄糖进一步转换为蛋白质、脂肪，就产生了肉和奶。人类所需要的奶类、肉类、动物脂肪大多数来自食草动物。

植物种子如小麦、稻谷里的淀粉则是另一种重要的能量来源，人类的胃肠道能够将淀粉分解为葡萄糖，为机体供能。

各种甜味水果可以提供果糖、葡萄糖、蔗糖等，这些单糖可以相互转化，可以直接被人体吸收、利用。

糖类泛滥成灾

目前，糖的泛滥正在成为不少国家的一种"甜蜜的烦恼"，尤其是发达国家，糖的危害正在引起各个国家的重视。

我们在不知不觉中摄入了太多的糖，主食馒头、米饭、面条中含有大量的淀粉，经过消化即可成为葡萄糖。为了增加饭菜的口感，我们经常将糖加入各种菜品，东坡肘子、红烧肉、糖醋排骨、蔬菜沙拉、拔丝山药等等都含有大量的糖。各种点心也含有不少的糖，如月饼、蛋糕、粽子、糕饼、糖饼等。超市里简直就是糖的"海洋"：硬糖、软糖、奶糖、蜂蜜、巧克力、奶茶、可乐、水果制成的果汁，各种可以转变为糖的食品与酒类。葡萄、西瓜、甜瓜等水果中都含有或多或少的葡萄糖或者果糖，果糖在体内可以转变为葡萄糖。西式餐食中糖的应用就更为广泛，面包、咖啡、牛奶、红酒、饮料里都会加糖，饭后甜点简直就是蜜饯。

这些糖类可以转变为脂肪、蛋白质，美国、加拿大等发达国家肥胖人群明显增加，与摄入大量的糖类密切相关。糖类摄入过多明显增加糖尿病的发病率，也会明显增加龋齿的发病率。

葡萄糖具有一定的毒性

葡萄糖对于细胞而言是一种低毒物质，其化学性质不够稳定，可以进行自氧化，这种氧化并不会将葡萄糖彻底分解为 CO_2 和 H_2O。同时，葡萄糖自氧化还会产生热量、释放过氧化物。葡萄糖也会在没有催化酶的作用下缓慢分解或者转化为其他含酮基或醛基的碳水化合物，这些醛基或酮基化学性质较为活泼，能够氧化蛋白质、多糖等大分子物质，形成晚期糖基化产物（AGE）。尽管 AGE 化学性质较葡萄糖稳定，但 AGE 与其受体结合可以产生大量过氧化物，对机体产生不良影响。

机体为了降低葡萄糖毒性，通常采取几个方法，第一，尽快将葡萄糖分解代谢。葡萄糖的充分代谢部位在线粒体，经过三羧酸循环、氧化磷酸化，最终产生二氧化碳和水，伴随 ATP 及热量产生。部分葡萄糖不能进入线粒体代谢，仅在细胞浆内进行简单的分解，释放热量并能产生少量的 ATP 为机体供能，同时产生大量的乳酸，乳酸堆积可以引发机体酸中毒。这就像电厂的发电机组，工作效率下降，燃烧了大量的煤粉，仅产生了少量电，却制造了较多热量。早期糖尿病患者畏热喜寒，原因就在于此。线粒体氧化磷酸化过程也会产生微量过氧化物，这些过氧化物首先会损伤线粒体，尤其是裸露的线粒体DNA。线粒体DNA受损后线粒体内膜质子转运复合体合成受阻，其产能效率下降。碳水化合物在线粒体内分解后产生的能量贮存于高势能的带电离子和电子，这些带电离子和电子通过从内膜向外膜的流动来推动ATP酶合成，并将能量转移到ATP中。这个能量转移过程要求线粒体内膜必须保持完整。线粒体内膜受到过氧化物损伤后，部分电子就可以泄露出来，这些泄露的电子化学性质非常活泼，与其他分子可以形成O_2-、OH-、ON-等多种形式的过氧化物，这是糖尿病引发冠心病、肾病、脑中风等并发症的主要致病机制之一，也是糖尿病诱发恶性肿瘤的重要原因。第二，将葡萄糖转变为脂肪酸、糖原等较为稳定的能量贮存物质，早期糖尿病患者多数体型肥胖就是这个原因。第三，将葡萄糖转变为其他物质，如蛋白质、核糖等，参与这些物质的合成。第四，激活葡萄糖的己糖胺和多元醇途径，生成更多的氨基葡萄糖、山梨醇等物质，这两种物质化学性质较为稳定。但是，这两个途径除了产生大量过氧化物以外，氨基葡萄糖还会促进胰岛素抵抗，加速糖尿病并发症进程。正常人群中，己糖胺和多元醇途径仅占葡萄糖代谢的3%左右。氨基葡萄糖是关节软骨的重要成分，正常代谢状态下机体所需并不多。

葡萄糖转变为脂肪酸、蛋白质、山梨醇等物质的数量有限，也会受到细胞内代谢反馈调节，持续性的高血糖最终诱导机体细胞出现胰岛素抵抗。

糖尿病导致葡萄糖代谢异常

尽管血液中葡萄糖浓度较高，但是，糖尿病患者的细胞内是"缺糖"的，也就是糖尿病患者无法利用葡萄糖。组织细胞缺少葡萄糖时就会启动糖异生途径，将蛋白质、脂肪酸等非糖类物质转变为葡萄糖，以供所需，尤其是大脑等器官只能以葡萄糖作为细胞能量来源。这就引发了细胞内物质代谢紊乱，并诱发高血脂、高胆固醇、低蛋白血症，导致动脉粥样硬化、血管狭窄、闭塞。同时，这也是晚期糖尿病患者消瘦的根本原因。

胰岛素主要作用是促进葡萄糖转运蛋白表达，转移葡萄糖进入细胞，进行分解或者转化，从而降低血糖。如果机体持续处于高血糖状态，细胞为了减少葡萄糖毒性，就会启动胰岛素抵抗——细胞对于胰岛素刺激不再敏感，葡萄糖难以转运进入细胞内，这是细胞的无奈之举。持续的高血糖会激活葡萄糖代谢的其他途径：己糖胺通路和多元醇通路。己糖胺通路将葡萄糖转变为较为稳定的氨基葡萄糖。多元醇通路将葡萄糖转变为更为稳定的山梨醇，山梨醇化学性质稳定，不会与其他物质发生 Maillard 反应，不会氧化蛋白质、多糖等生物大分子形成 AGEs。但是，己糖胺途径增加胰岛素抵抗，干扰机体的正常代谢，也会明显增加 ROS 产生。山梨醇的代谢途径明显消耗 NADPH 等还原力，促进过氧化物的产生。山梨醇的积聚可以引发细胞内渗透压增高，吸收细胞外的大量水分，导致细胞肿胀、变性甚至坏死。

糖尿病的危害

糖尿病明显增加心衰发病率和死亡率，老年糖尿病患者每年心衰的发病率为非糖尿病患者的 2 倍，死亡率较非糖尿病患者增加 10~12 倍。高胰岛素血症和胰岛素抵抗是糖尿病患者发生心血管事件的危险因素之一，胰岛素抵抗与许多代谢异常紧密相关。胰岛素水平较高时，无论血糖是否正常，心血管事件的发生风险都较高，外源性胰岛素也具有相似的作用。研究发现，与最初以磺脲类药物治疗的患者相比，最初以胰岛素治疗的糖尿病患者心衰住院发生率明显增高，且胰岛素治疗也是预测心衰死亡的独立指标。

糖尿病患者普遍存在胰岛素抵抗，心肌细胞难以将葡萄糖转运入细胞内，心肌细胞只能依靠脂肪酸氧化提供能量。但是，晚期心衰患者因线粒体功能受损，ATP 产能不足。脂肪酸化学性质较为稳定，只有在 ATP 的高能磷酸键将其活化后，脂肪酸才能进入线粒体内进行氧化分解。这也是减肥困难的原因之一。心衰晚期患者存在难以利用脂肪酸的情况，这时心脏就处于一种无能量可用的状态，患者死亡风险明显增加。

糖尿病晚期可以累及多个脏器，糖尿病肾病、心肌病变、神经病变、心血管、脑血管、视网膜及外周血管病变等最为常见，并发症的患病率可达 70% 以上。糖尿病明显增加胰腺癌等恶性肿瘤的发病率。糖尿病的这些并发症可以致残、致死，严重威胁糖尿病患者的生命与健康。

糖尿病产生 ROS 的途径

糖尿病所致的代谢异常、恶性肿瘤等临床并发症都与 ROS 有密切的关系。

高血糖激活己糖胺途径，促进二磷酸尿嘧啶 N- 乙酰氨基葡萄糖（UDP-GlcNAc）产生，UDP-GlcNAc 为蛋白质糖基化修饰提供糖基。胰岛素通路中，胰岛素受体、受体底物、PI3K/Akt 等蛋白质均存在糖基化位点，这些位点被糖基化修饰后蛋白质不能被磷酸化激活，导致葡萄糖转移蛋白不能移位到细胞膜，诱发胰岛素抵抗。

高血糖促进葡萄糖自身氧化增加，产生大量的 ROS。高血糖促进多元醇途径活化，形成山梨醇的过程中需要消耗大量 NADPH，还原型半胱氨酸及谷胱甘肽数量明显减少，导致机体抗氧化能力急剧下降，ROS 明显增加。

高血糖抑制甘油醛 3- 磷酸脱氢酶（GAPDH），导致 3- 磷酸甘油醛合成增加，3- 磷酸甘油醛可以转变为二酯酰甘油，后者可以激活蛋白激酶（PKC）。高血糖也可以通过 MAPK、AGE-AGE 受体途径激活 PKC，PKC 活化 NADPH 氧化酶，刺激细胞产生大量 ROS。另外，高血糖可以促进 S100、HMGB 等炎症因子表达，激活 AGE 受体，促进过氧化物产生。

高血糖诱发的高水平 3- 磷酸甘油醛为修饰蛋白质、核酸、多肽等大分子物质提供醛基，这些大分子物质糖基化后经过脱水、交联也可以成为 AGE。AGE 并不是某种特殊物质，而是糖基、醛基氧化大分子物质后形成的一大类物质。AGE 在细胞内难以完全代谢而沉积在细胞内，干扰细胞的新陈代谢。

葡萄糖也可以直接与氨基酸、多肽、蛋白质或者核酸发生 Maillard 反应，这种反应不需要酶的催化即可完成，早期形成 Amadori 产物，后期经过环化、氧化、脱水、交联及聚合等变化，形成不可降解产物 AGE，AGE 与其受体结合，可以促进 ROS 产生。

糖尿病并发症的主要机制是 ROS

过氧化物激活多聚二磷酸核糖聚合酶（PARP），PARP 抑制 GAPDH 活性，GAPDH 活性降低后减少葡萄糖的糖酵解，转向己糖胺及多元醇等途径，产生大量 ROS。过氧化物抑制 Sirtuin、PG-C、AMPK 表达，导致葡萄糖、脂肪代谢紊乱。

过氧化物促进过氧化物酶体增殖物激活受体 γ（PPAR）及 FOXO1 表达，导致心肌病。

ROS 促进 PKC、NF-κB、AGE 受体、Ang Ⅱ 等表达，增加 ROS 释放，形成正循环。

过氧化物促进线粒体分裂，产生更多的 ROS。过氧化物损伤线粒体功能，引发线粒体产能效率下降，同时过氧化物产生过多，并最终触发细胞色素 C 相关的细胞凋亡，导致心脏功能衰竭。

胰岛素抵抗还会导致心肌细胞能量代谢转变，细胞所需能量由脂肪酸代谢为主、葡萄糖代谢为辅转变为全部由脂肪酸代谢。与葡萄糖代谢的电子传递系统不同，脂肪酸分解代谢的电子传递系统效率偏低，这就意味着更多的电子泄露，产生更多的过氧化物。

糖尿病病情进展过程中出现的神经、血管及肾脏病变等并发症的主要原因是 ROS，高血糖并非主要因素。部分糖尿病患者即使血糖控制较好，其冠心病、糖尿病肾病、脑血管病等并发症也会持续进展。

ROS 可以直接氧化 DNA、蛋白质、脂肪酸及多糖等生物大分子，导致细胞损伤、功能障碍。

过氧化物通过损伤胰岛细胞，引发胰岛功能下降甚至衰竭，过氧化物也明显增加胰岛素抵抗，参与糖尿病的发病。

ROS 通过激活 NF-κB 等信号传导通路，促进各种炎症因子的表达，这些因子导致的血管功能异常是糖尿病血管并发症的重要基础和生化机制。

NF-κB 促进细胞间黏附分子（ICAM）、血管内皮生长因子（VEGF）、转化生长因子等蛋白的表达，促进血管内皮细胞及平滑肌细胞增殖、增加血管通透性、促进新生血管形成，导致血管管腔狭窄，甚至闭塞。

NF-κB 促进内皮素表达，内皮素增加血管内皮的促凝功能转换，诱导血管内凝血。内皮素也是迄今为止最为强烈的收缩血管的细胞因子，诱发冠状动脉痉挛，导致心肌梗死。

NF-κB 提高促凝血组织因子合成，引发血管内凝血机制改变，最终导致血管管腔狭窄甚至闭塞，血栓形成。

ROS 可以灭活一氧化氮（NO）、抑制 NO 合酶活性，导致血管紧张、痉挛，减弱内皮细胞抗血栓的功能。

ROS 可以氧化低密度脂蛋白（LDL）产生 ox-LDL，ox-LDL 对机体而言是一种毒性物质，刺激血管内皮增生，同时诱导血管中层平滑肌细胞迁移到内皮下并吞噬 ox-LDL，最终形成动脉粥样硬化斑块，导致血管管腔狭窄、闭塞。

ROS 可以诱导基质金属蛋白酶（MMP）的表达，溶解斑块的纤维帽，引起粥样斑块的不稳定，诱发心绞痛、急性心肌梗死等。

持续的高血糖也可以增加糖化反应及脂质过氧化反应，形成 AGEs 及脂质过氧化终产物，这些物质可以氧化修饰蛋白质，通过羰基应激，促进各种慢性病的进展。

糖尿病引发冠心病的特点

糖尿病导致冠状动脉粥样硬化性心脏病具有独特性。糖尿病可以损害周围神经，导致患者对于疼痛不够敏感，临床症状不典型。而糖尿病病人一旦出现心绞痛的症状，往往预示着病情非常严重，前降支甚至左主干严重狭窄，回旋支及右冠也会狭窄较重。

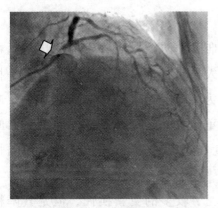
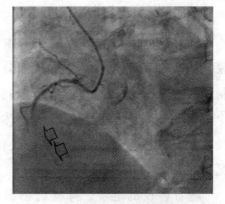

左侧冠脉（左主干严重狭窄）　　　　　　　　右侧冠脉（右冠远端闭塞）

左主干开口至近段可见鸟嘴样偏心性狭窄80%-90%（白色箭头），前降支全程弥漫性长狭窄病变伴钙化，最重狭窄80%-90%；回旋支纤细，中远段次全闭塞；右冠状动脉全程弥漫性环形钙化病变，近段60%-70%管型狭窄伴钙化，发出锐缘支后完全闭塞（红色箭头）。

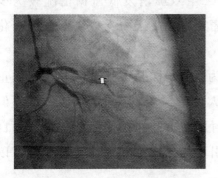
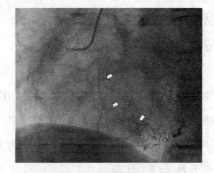

左冠 [前降支支架内闭塞(箭头所指)]　　　　右冠 [侧支血管形成(箭头所指)]

左前降支近开口60%-70%狭窄，近段见原支架影，自支架开口100%闭塞，D1开口95%-99%狭窄；回旋支开口至近段80%-90%狭窄，近中段60%-70%狭窄，其后见原支架影，支架内99%狭窄；右冠状动脉近段30%左右狭窄，右冠提供LAD及LCX侧支循环。

　　糖尿病导致的冠状动脉病变有其特点：弥漫性狭窄，血管腔均匀性变细，血管慢性闭塞。

　　糖尿病患者支架置入或者冠脉搭桥后其血管增生反应较为明显，支架内再狭窄甚至闭塞较为常见，桥血管狭窄或者闭塞也很常见。所以，这些治疗手段在糖尿病患者身上往往效果不佳。

糖尿病治疗存在较多问题

目前，糖尿病的各种治疗措施难以预防糖尿病并发症的出现。糖尿病患者多见于肥胖人群，这部分人群已经养成多食少动的习惯，控制饮食难以坚持，改变这种习惯较为困难。运动也可以降低血糖、减少胰岛素抵抗，但是，肥胖人群体重较大，运动对于关节、心脏、呼吸系统的压力明显增加。控制饮食和运动的方法都会出现反弹的情况，也都可以增加低血糖的风险。

随着科技的进步，降糖药物出现了较多的更新换代，但是其降糖原理还是这几种机制。

1.双胍类，以二甲双胍为代表，可以抑制肝糖原的分解，增加肌肉等外周组织对于胰岛素的敏感性，降低血糖。二甲双胍还可以通过抑制胰高血糖素分泌来降血糖。二甲双胍诱发低血糖情况较为少见，但是可以引发恶心、呕吐、腹痛、腹泻、乏力、食欲不振等消化道症状。

2.SGLT-2抑制剂，以恩格列净为代表，抑制肾脏对于葡萄糖的重吸收，降低肾糖阈，促进尿糖排出。人体的泌尿系统是相对无菌的，但细菌等微生物可以逆行到输尿管、肾脏等部位，而葡萄糖是细菌的良好培养基，尿液内含糖过高就容易引起尿路和生殖系统感染，也可以诱发酮症酸中毒。

3.DPP-4抑制剂，以沙格列汀为代表，提高内源性胰高血糖素样肽-1（GLP-1）和葡萄糖依赖性促胰岛素分泌多肽（GIP）的水平，促进胰岛B细胞释放胰岛素，抑制胰岛A细胞分泌胰高血糖素，降低血糖。这类药物与其他降糖药物联合使用增加低血糖的风险，也会出现过敏、胰腺炎等副作用。

4.α-葡萄糖苷酶抑制剂，常见的药物是阿卡波糖。这类药物抑制肠道糖苷酶活性，抑制碳水化合物的吸收，以达到降低血糖的疗效。这类药物会引发胃肠道渗透压增高，导致腹胀、腹痛、腹泻。葡萄糖吸收减少，胃肠道内的细菌不停地分解葡萄糖，形成大量气体，患者往往主诉"放屁"增多，甚至每天多达几百个屁，严重影响患者的生活。

5.胰岛素促泌剂，磺脲类药物为典型代表，胰岛功能较为正常时，磺脲类药物诱导胰岛分泌过多胰岛素而常常导致低血糖，同时，由于胰岛素作用导致患者出现体重增加；胰岛功能耗竭时，磺脲类药物就失去了降糖疗效。

6.GLP-1 受体激动剂，以利拉鲁肽为代表，能够促进胰岛素分泌，这种作用是葡萄糖依赖的，很少会出现低血糖。这类药物还能抑制胰高血糖素分泌，抑制胰岛 B 细胞凋亡，还可以延缓胃排空、减少摄食，降低体重。这类药物对神经细胞、心肌细胞有直接的保护作用。这类药物主要是针剂，应用较为不方便，急性胃肠炎、胰腺炎、肾功能损伤是常见的副作用。

7.胰岛素增敏剂，罗格列酮为代表，可增强胰岛素敏感性，促进胰岛素的利用，刺激机体对于葡萄糖的吸收。二甲双胍也具有这种作用。罗格列酮存在水肿、骨质疏松等副作用，严重心衰、骨折患者禁用。

这些药物无效时，胰岛素注射就成为最后选择。糖尿病晚期患者往往依赖胰岛素注射，胰岛素促进葡萄糖转移，供细胞利用，也能够促进葡萄糖转变为其他物质如脂肪。因此，胰岛素替代治疗突出的并发症就是体重增加的问题。由于胰岛素可以诱发低血糖等致命性的副作用，患者的血糖往往难以稳定达标。

这些药物主要通过刺激胰岛素分泌、抑制血糖吸收或者增加胰岛素敏感性来降低血糖，而引发糖尿病并发症的过氧化物问题并没有解决。所有降血糖的药物都可能诱发低血糖，严重的低血糖是可以致命的。严格控制血糖也并没有解决细胞内缺少葡萄糖的问题。

目前，这些治疗糖尿病的措施还存在明显的缺陷，由于过氧化物在糖尿病进展中的作用极为关键，我们还需要积极主动地进行抗氧化治疗。

因此，减少高热量食物摄入、预防机体过氧化、减少机体的炎症，保护胰岛 B 细胞、肾小球系膜细胞及足细胞、神经元及心肌等细胞，才能够真正做到预防和治疗糖尿病，减轻糖尿病并发症，提高糖尿病患者的生活质量，改善预后。

ROS与冠心病

冠状动脉粥样硬化性心脏病简称冠心病，流行病学研究证实，高血压、糖尿病、肥胖、吸烟、饮酒、运动减少、新鲜蔬菜水果摄入减少等为冠心病的危险因素，这些危险因素都与过氧化物有或多或少的关系。冠状动脉内皮下斑块不稳定是引发心绞痛的主要原因，斑块破裂所致的急性心肌梗死是最为常见的猝死病因。冠心病患者也可以出现残疾，这种残疾是一种"隐匿性"的：患者四肢健康，但是因心肌梗死所致的心衰，患者无法胜任正常的工作，难以保持日常生活所需的基本体力。

为什么中年人容易猝死？

猝死是中年男性的第一致死因素，冠心病又是猝死的第一病因，约占60%。中年男性的冠心病存在某些特点：症状不明显，冠脉狭窄通常不严重，狭窄率50%-70%，通常为单支病变，无明显侧支血管形成。这种情况下患者也就不会太在意。中年人群承受着社会、家庭和身体的多重压力，"权力越大，责任越大"。高血压、糖尿病等慢性疾病在中年时期慢慢出现并增多，吸烟、饮酒等不良嗜好的长期危害在中年时期也开始逐渐显现，这些嗜好短时间内难以改变。

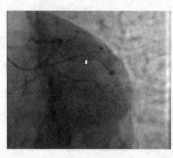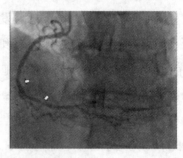

中年人的冠状动脉往往狭窄并不严重，中度狭窄通常不会影响日常的工作、生活甚至中等强度的运动，也就难以引起足够重视（箭头所指为冠脉狭窄处，狭窄率50%-70%）

清晨时人体从睡眠状态转变为清醒状态，机体由迷走神经占优势转变为交感神经主导，血压会突然增高、心率明显增快、血糖也会增高。然而，并非每次这种转变的过程都会平稳顺利，晨起是晕厥、心绞痛、猝死、高血压等疾病的高发时间段，因此，现在并不提倡早起锻炼，不建议"鲤鱼打挺"的起床方式，推荐"赖床 3 分钟"、"坐起 3 分钟"、"慢走 3 分钟"，目的就是让人体有一个逐步适应过程，缓慢而安全地从睡眠状态过渡到清醒状态。

周围同事或者朋友的健康状况不断刺激着人们，注重保健、养生也是从中年开始的。由于工作繁忙，中年人的闲暇时间并不充裕，运动时间不固定，心血来潮的运动可能会带来非常严重的后果。剧烈运动、愤怒、兴奋都可以引发血压突然增高，血流速度明显加快，诱发冠状动脉粥样斑块突然破裂。大量吸烟可以直接氧化冠脉斑块的纤维帽，引发动脉斑块溃疡或者破裂，也会诱发冠脉痉挛。斑块破裂后，内皮下的胶原纤维等物质暴露在血液中，这些物质具有促进凝血的作用。破裂的斑块处形成急性血栓，又没有侧支血管供血，从而引起血管腔堵塞，导致急性心肌梗死。心肌的急性缺血、坏死诱导心肌细胞电位不稳定，出现室速、室颤。室速、室颤是恶性心律失常，心室没有射血，患者很快出现脉搏消失、意识丧失，如果不能及时进行除颤等救治措施，患者将很快死亡，这个过程约为 3 分钟。约 60% 的猝死病例是由室速、室颤引发的。发达国家公共场所都要配备简易除颤仪，公务员、消防员、警察、教师等公务人员都需要接受心肺复苏及除颤仪使用方面的培训，以尽快抢救猝死病人。

因此，在遇到任何意识丧失伴有脉搏消失的人，我们应当首先考虑为急性心肌梗死的可能性（60%），意识丧失是室速、室颤导致的可能性（60%）。这时，我们需要对猝死患者进行紧急电除颤，只要患者恢复窦性心律，即使闭塞的血管没有开通，患者也能够清醒并可能存活下来。仅仅进行胸外按压、人工呼吸等心肺复苏措施，患者存活的概率较低。只要维持患者的正常心律，我们就可以争取就医治疗的宝贵时间。

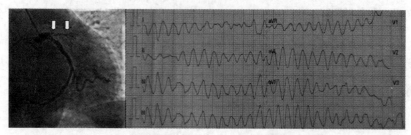

患者的前降支闭塞，急性心肌梗死往往伴随室速、室颤等恶性心律失常，导致猝死

（箭头所指为冠脉闭塞处；心电图显示室颤，这是猝死的最常见原因）

老年冠心病患者由于冠脉慢性狭窄，甚至闭塞，导致慢性心肌缺血，心脏对于缺血已经存在预适应。平时在活动后就会出现喘憋、胸闷、胸痛等心绞痛表现，老年患者也会有意识地减少活动量，以减轻心绞痛的症状。另外，老年患者也很少进行剧烈的运动，老年人的情绪也趋于稳定，较少发火，很少亢奋。长期慢性缺血可以促进新生血管形成，狭窄较轻冠脉会发出侧支血管以供给严重狭窄或者闭塞的冠脉。这样，即使冠脉发生急性闭塞，患者临床症状也会比中年患者轻，猝死概率相对较低。

冠状动脉粥样硬化的病因主要与环境因素有关，也就是生活习惯与基础疾病，遗传因素所起的作用较小。ROS 全程参与了冠心病发生、进展以及心衰等晚期的过程。吸烟、饮酒、运动减少、肥胖等因素可以加重机体的氧化状态。

高血压对动脉血管的危害

高血压对于动脉血管的危害主要是机械性的，也就是高速的血流对血管内皮的冲击力。其实，高血压就是动脉血流速度过快，增加了血管壁侧面压力。经过特殊的算法，我们就可以通过血压计等仪器将其换算为相应的血压。这就像是河流一样，水流速度越快对河堤的冲刷作用越大，如果河堤不够牢固，决堤的可能性就很大，需要不断地进行加固。在河流拐弯处和分岔处，河堤受到的冲击力最大，这些地方尤其需要更多的巩固处理。为了保护血管壁的完整性，预防血管破裂出血，机体就会做出适应性的反应：血管内皮细胞增生、纤维组织沉积。血管分岔处、血管开口处的内膜受到血流的剪切力最大，这些部位的内膜增生更为明显。内膜过度增厚会引发相应的血管腔变小、血管狭窄。因此，高血压所致冠心病的血管病变特点是开口狭窄、分岔病变多见。另外，血压越高、动脉承受的压力越大，动脉血管就会变得越粗。在某些动脉壁较为薄弱的部位，长期的高血压可以引发动脉瘤样扩张，导致动脉内膜夹层撕裂，甚至导致动脉破裂而死亡。

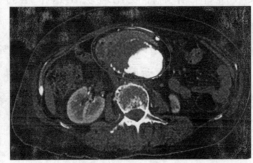

高血压导致腹主动脉瘤

左图为腹主动脉瘤整体影像，白色箭头为瘤体结构，与其上方的胸主动脉形成鲜明对比；右图红圈内为腹主动脉瘤横切面，白色区域为腹主动脉真腔，动脉壁可见点状金属网，提示金属支架植入。

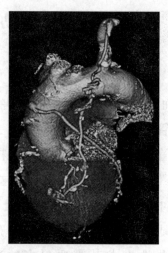

高血压导致冠心病，冠脉搭桥术后造影图像

左图为右侧位，右图为左侧位，可见四根桥血管，白色箭头所指处为前降支部位，未显影，提示已闭塞，桥血管也存在不同程度的狭窄。

另外，高血压还是一种炎症状态，高血压患者体内血管紧张素Ⅱ（AngⅡ）水平较高，AngⅡ既可以导致血管收缩性增加，又可以引起机体炎症，导致ROS产生增多，加重动脉粥样硬化。

脑血管管壁菲薄，与静脉相差无几，中膜、外膜纤细、弹力纤维较少，压力稍高即可破裂。通常情况下，脑动脉狭窄部位的扩张压力在4~6个大气压，动脉粥样硬化斑块在这个压力下很难被挤扁或者挤破，无法解决血管腔的狭窄。这个压力扩张后，粥样硬化斑块也容易弹性回缩，导致血管再狭窄，再狭窄率可达24%~40%。另外，即便如此低的扩张压力，基底动脉球囊扩张术术后并发症仍非常多见，为4%~40%，以脑出血、脑水肿较为常见。与冠心病相比，缺血性脑卒中介入治疗数量明显不足。

长期控制不佳的高血压可以导致脑血管增生、狭窄，引发管腔狭窄，甚至闭塞而致脑梗死。长期高血压作用下，脑血管也可以形成动脉瘤，一旦破裂就会导致脑出血。脑梗死和脑出血都会导致肢体、语言、记忆、视力等方面的残疾，甚至死亡。脑血管病危害巨大、治疗手段有限、效果不尽人意，预防才是最为重要的。

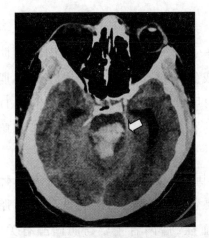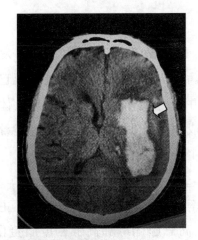

脑血管管壁较薄，高血压控制不佳容易导致多发脑动脉瘤

（动脉瘤破裂可导致脑出血；左图和右图分别是脑干和左侧丘脑出血）

糖尿病促进动脉硬化

糖尿病和高血压都会累及机体的动脉血管，导致血管狭窄、相应器官出现缺血症状。与高血压引发冠状动脉机械损伤不同，糖尿病主要增加机体的炎症因子与过氧化状态，细胞分泌的 TNF-α、TGF-β 等炎症因子可以促进细胞产生大量 ROS。炎症与 ROS 可以刺激冠状动脉血管内皮增生、分泌纤维组织形成斑块的纤维帽。

ROS 可以将胆固醇氧化，形成 ox-LDL，氧化的胆固醇作为炎症物质诱导平滑肌细胞、单核细胞迁移到血管内皮下，同时可以刺激平滑肌细胞增殖。平滑肌细胞及单核细胞吞噬氧化的胆固醇，以减轻这些炎症物质对机体的损伤，最终形成粥样硬化斑块。

在这些危险因素的持续刺激下，动脉粥样斑块不断增大，出现血管狭窄、心肌缺血等临床症状。ROS 可以无差别损伤冠状动脉，糖尿病导致的冠状动脉狭窄呈现弥漫性，临床治疗较为困难。

高血压、糖尿病都会损伤冠状动脉、脑动脉及外周动脉血管，因此伴有糖尿病的高血压患者的血压控制需要更为严格，理想的血压不应当超过 130/80mmHg。

胆固醇认识误区

胆固醇在冠心病的发病中发挥了重要作用，降低胆固醇预防冠心病、心绞痛和急性心肌梗死已成为全球医生的共识。但是，胆固醇并非毫无作用，胆固醇是人体内甲状腺素、性激素及维生素 D 的合成原料，胆固醇可以促进胆汁的合成与分泌，胆固醇也是细胞膜的主要成分。

2012-2015 年某研究显示，中国 35 岁以上居民血脂异常总体患病率为 34.7%，约为 4 亿人，主要包括高甘油三酯、低高密度脂蛋白、高总胆固醇和高低密度脂蛋白血症，后两者主要与胆固醇有关。但是，同期中国冠心病发病率约为 1/1000，冠心病人群约 1100 万。血脂异常与冠心病发病率存在巨大差距，其中的原因可能在于胆固醇是否会被氧化。吸烟可以直接产生过氧化物，糖尿病除了引发机体脂肪代谢紊乱导致高胆固醇外，还会通过多种途径产生大量的过氧化物。这些过氧化物氧化胆固醇、氧化 LDL，形成 ox-LDL。因此，吸烟和糖尿病就会明显增加冠心病的发病率。

对于机体而言，氧化胆固醇是炎性物质，血管内皮细胞为保护其他组织细胞，将大量的氧化胆固醇吞噬并集聚于血管内皮下。同时，氧化胆固醇也会诱导血管外膜平滑肌细胞迁移到内皮下，平滑肌细胞也会吞噬氧化胆固醇以减轻炎症，内皮细胞和平滑肌细胞吞噬氧化胆固醇后坏死，形成粥样物质，成为斑块的核心，斑块逐渐增大，堵塞冠状动脉管腔，导致心绞痛。如果斑块突然破裂，斑块表面就会形成急性血栓，堵塞远端血管，导致心肌梗死。

冠脉里置入支架的患者，其冠脉内斑块负荷重，斑块内含有大量的胆固醇，需要严格控制血脂，血脂越低，冠脉再狭窄、斑块破裂的概率越低，心绞痛、急性心肌梗死的发生率就越低。冠心病患者多数有吸烟、糖尿病、高血压等病史，这些危险因素也明显增加胆固醇的氧化，胆固醇水平降低，斑块的进展就会明显减缓。但是，如果没有这些危险因素，我们就不必对高血脂过度恐慌。降低胆固醇的药物最为常用的是他汀类，主要抑制肝脏细胞内合成胆固醇的关键酶，但是存在损伤肝功能、可能诱发肌肉溶解的副作用。冠心病风险较低的高血脂人群没有必要将低密度脂蛋白降低到 1.8mmol/L 甚至更低的水平，这样可能需要付出肝损伤、骨骼肌溶解的代价。

因纽特人生活在北极圈内，这里的土壤常年处于冰冻状态，蔬菜水果难以生长。他们的主食是海豹、鲸及各种鱼类，基本上没有蔬菜和水果，这种饮食习惯不可避免地会导致高胆固醇血症。但是，因纽特人是全球唯一不受冠心病、脑血管病困扰的人群，其恶性肿瘤的发病率也较低。究其原因，因纽特人饮食习惯以生食为主，辅以水煮食物。深海鱼油含有两个不饱和脂肪酸，而我们经常食用的花生油、菜籽油等仅有一个不饱和脂肪酸。鱼油加上生食方式可以充分发挥食物的抗氧化作用，从而保护血管内皮和机体细胞，避免动脉斑块形成，减少正常细胞的突变。可以预见，如果因纽特人采用烧烤或油炸作为食物的主要烹饪方式，那么，深海鱼类含有的不饱和脂肪酸就会被空气中的氧分子氧化为饱和脂肪酸，失去抗氧化功能，同时，这种烹饪方式还会产生大量的过氧化物。最终，因纽特人的冠心病、脑中风等疾病将会较快地流行起来，恶性肿瘤的发病率也会明显增高。

ROS 与急性心肌梗死

ROS 参与了急性心肌梗死的过程。ROS 促进基质金属蛋白酶（MMP）表达，MMP 溶解纤维结缔组织，导致斑块不稳定，促进斑块破裂，局部形成急性血栓，导致急性心肌梗死。心肌细胞内缺乏超氧化物歧化酶等清除过氧化物的酶类，对于过氧化物非常敏感，血液循环内的过氧化物浓度过高会直接或间接损伤心肌细胞，抑制心肌细胞功能、促进心肌细胞凋亡，引起心肌收缩或舒张功能下降，最终导致心衰。

心肌梗死后闭塞血管自通或手术后再通，富含氧气的动脉血会再次损伤梗死区域的心肌，导致心脏破裂、心源性猝死，这个过程称为"心肌再灌注损伤"。其中，过氧化物发挥了重要作用。过高的 ROS 可以激活钙调蛋白依赖激酶Ⅱ，钙调蛋白激酶可以引发心肌收缩力降低、QT 间期延长，室早、室速发生率明显增高，最终导致心梗后猝死。

冠心病治疗进展

冠心病的治疗近十几年取得了较大进展，主要体现在冠脉支架介入治疗和心外科搭桥手术的进步。从金属裸支架到药物涂层支架，再到最近新上市的可降解生物支架；从普通球囊到切割球囊再到药物球囊；治疗范围从简单病变到分叉病变、到多支病变、到左主干病变；治疗上有正向、逆向、分支保护等技术，硬件上发展出了腔内超声、FFR、OCT 等手段。冠脉介入治疗的成功率明显提高，死亡率也明显下降。但是，冠脉支架介入治疗仍存在不少问题，如支架远期血栓、支架内再狭窄、冠脉内皮化不良等等。

心脏外科治疗冠心病也取得了较大进展，从开胸到小切口，从心脏停跳发展到不停跳，从静脉桥到动脉桥，成功率不断提高，死亡率逐年下降。心脏外科手术创伤较大，费用较高。另外，桥血管的寿命也是一个不容忽视的问题，动脉桥平均寿命约 8 年，而静脉桥使用寿命平均只有约 5 年。桥血管再狭窄后还需要内科的介入治疗。外科搭桥手术利用其他通畅的血管连接主动脉根部，跨过狭窄冠脉，为远端动脉供血。

不管是内科支架介入还是外科搭桥手术，都没有解决冠脉狭窄的根本原因——血管内的斑块。早期外科手术曾尝试将斑块切除，尤其是颈动脉斑块——内膜剥脱术，效果并不理想，原因就在于切除斑块时会将血管内皮同时清除掉，内皮下胶原纤维就会直接暴露于血液中，内膜下组织包括胶原纤维遇到血液就会立即启动凝血机制，局部快速形成新鲜血栓，导致远端血管急性闭塞。旋磨等冠脉介入手术也曾流行过一段时间，将斑块特别是钙化较重的硬斑块磨掉，再置入支架，但效果并不理想。"人要脸，血管要内皮"！

冠心病的治疗任重而道远，即使戒烟戒酒，严格控制血压、血糖，积极抗血小板、降脂治疗，冠状动脉仍会出现进行性狭窄，往往伴随心脏功能的不断恶化，这类冠心病患者的治疗仍是一个挑战。

冠心病治疗中的难点

分支病变或者小血管病变是冠脉介入治疗的一个禁区，冠脉管腔越小治疗越困难：支架本身具有一定的厚度，占用一定的管腔，勉强置入会加重血管管腔狭窄，只能药物球囊扩张或者药物治疗，但疗效不肯定。微血管病变无法进行介入治疗，只能依靠他汀等药物降低胆固醇、硝酸酯类扩张血管等治疗，但是疗效并不明显。规律服药的情况下，患者还会反复出现心绞痛等症状，最终会导致心外膜心肌坏死，引发室速等心律失常以及不断恶化的心衰。

冠脉的弥漫性狭窄也比较常见，尤其是糖尿病患者，由于狭窄血管较长，需要较长或者多个支架，支架越长，发生支架内再狭窄、支架内血栓的可能性就越高。

支架内再狭窄多见于糖尿病和吸烟患者，可以通过支架内药物球囊扩张或支架内再次置入支架缓解，但是部分患者会反复发生。桥血管狭窄或者闭塞也是一个治疗上的难点，尤其是静脉桥。狭窄后进行球囊扩张或者支架治疗，再次闭塞的发生率较高。

可降解支架支撑力度不够，支架较厚，置入后管腔丢失严重，不适于管腔较小的血管。另外，这类支架的降解速度受较多因素影响，降解时间难以预测，降解过早可能会再次引起血管弹性回缩而诱发心绞痛。降解过晚——部分支架可能2~3年才能完全分解吸收，需要长期口服两种药物联合抗血小板治疗。与药物涂层不锈钢支架1年联合用药相比，可降解支架通常需要联合抗血小板3年，明显增加了出血风险。

冠脉痉挛也是临床常见的急症，患者可以出现心绞痛、心肌梗死，甚至猝死。冠脉痉挛的致病原因并不完全清楚，吸烟、糖尿病是较为常见的诱因。这些患者无法进行支架植入、球囊扩张等操作，以免刺激冠脉加重痉挛，只能依赖硝酸酯类、钙拮抗剂等扩张冠脉药物治疗，但是有些患者仍存在耐药性的问题。

过期心梗的患者预后不佳，在治疗上也存在较大挑战。急性心肌梗死超过12小时，心肌细胞就会完全坏死，称为过期心梗。但是，部分患者即使在短至 30 分钟内开通闭塞的冠脉，其心肌也可能无法完全恢复，心电图持续表现为梗死区导联异常 Q 波，心脏超声提示心室室壁变薄、心肌运动减低。

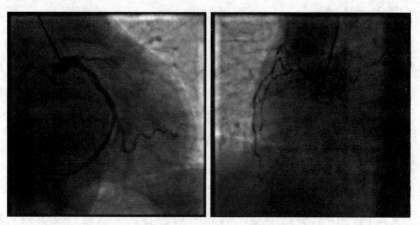

患者胸痛8小时就诊，前降支开口闭塞，回旋支狭窄，右冠脉慢性闭塞。心梗时间过长，心肌完全坏死，即使开通病变血管，心功能也难以恢复。

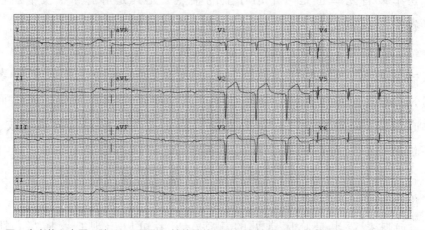

同一患者的心电图，除了avR导联，其他肢体导联及胸前导联R波都较为低平，提示心肌坏死面积较大、预后不佳。

过期心梗的患者即使存活下来，其发生心衰的比例也较高。由于心脏的泵血功能下降，血液无法有效循环而瘀滞于肺脏，病情严重时导致肺水肿，肺淤血、肺水肿都可诱发呼吸困难。运动时，心脏需要更多地做功，心脏功能无法相应提高输出，患者喘憋加重。心衰严重影响患者的生活质量，日常生活不能自理，轻体力的家务劳动及脑力工作也无法胜任，心衰晚期患者甚至无法平卧睡眠。

一，M型·2D主要测值（单位：mm）			二，左心功能测定				
名称	测量值	参考值	名称及测值单位	测量值	四腔观	长	宽
主动脉根部内径	—	20~37	左室舒张末容积EDV(ml)	—	左心房		
左房内径	47	19~40	左室收缩末容积ESV(ml)	—	左心室		
左室舒张末期内径	77	35~56	每搏量SV(ml)	—	右心房		
左室收缩末期内径	—	20~37	左室短轴缩率FS(%)	—	右心室		
室间隔厚度	—	6~11	心输出量CO(L/min)	—	IVRT (ms)		
左室后壁厚度	—	6~11	心指数CI(L/min/m²)	—	EDT (ms)		
肺动脉干	—	9~27	射血分数EF(%)	30	E/E'		

超声描述

心脏，平卧位，透声差。
1. 左房室内径增大，右房室略饱满，室间隔中下段及左室心尖部变薄、膨隆，余左室壁厚度正常，静息状态下左室各节段整体运动明显减低。右室游离壁收缩活动减低，TAPSE:14mm。
2. 主动脉窦部增宽，升主动脉内径正常，各瓣膜回声及活动未见明显异常。
3. 彩色多普勒示：主动脉瓣少量反流，二尖瓣中量反流，三尖瓣少量反流，连续多普勒估测肺动脉收缩压48mmHg。
4. 心包腔内见微量无回声区。

超声提示

左室各节段整体运动明显减低　右室游离壁收缩活动减低
左房室增大
主动脉窦部增宽　主动脉瓣少量反流
二尖瓣中量反流
三尖瓣少量反流　肺动脉收缩压48mmHg
微量心包积液
左室收缩功能明显减低
床边心超图像质量差，部分心内结构及血流信号显示不清，建议复查常规心超

　　同一患者的心脏超声也支持大面积心梗引发的心肌变薄、心肌运动减低、心脏收缩功能下降，射血分数为30%，仅为正常人的一半左右（正常人左室射血分数为50%以上）。

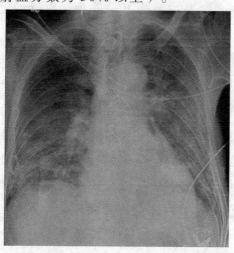

　　其胸片支持左心衰所致的肺水肿，患者无法平卧，日常生活不能自理，心梗后半年内反复住院，最终患者死于左心衰

　　少部分患者急性心梗超过12小时后仍会有部分心肌存活，表现

为心绞痛持续不缓解，冠脉开通后心脏功能可能会部分恢复。超过12小时的心肌梗死通常不建议开通堵塞的冠状动脉，目的是减少心脏破裂的风险。心肌梗死后，心肌组织较为脆弱，如果这时开通血管，因过氧化物、细胞因子等可能导致心肌细胞的二次损伤，从而诱发心脏破裂。

如果过期心梗患者能够侥幸存活下来，坏死区心肌被纤维瘢痕组织取代，这些瘢痕组织没有收缩功能，也失去心肌组织电传导的特性。正常心脏收缩时，心室侧壁、间隔壁及前后壁心肌同向运动，将血液泵入主动脉。心梗的瘢痕区无收缩功能，心室收缩时被血液推挤，向外突出，逐渐形成室壁瘤，心脏射血效率严重下降。这些瘢痕组织内可能残存少量心肌，成为室性早搏来源，这些瘢痕与正常心肌组织可以形成稳定的折返环路，诱发室速。

冠心病无法治愈

目前，冠心病的治疗只是缓解患者胸痛、胸闷的症状，并没有治愈冠心病。冠脉支架术后动脉内的斑块仍然存在，介入治疗只是将其强力挤扁、挤破而已，并没有将其清除掉。血管的管腔增宽后，冠脉内的血流增加了，临床症状就缓解了。正常情况下，由于内皮细胞老化、机体清除氧自由基（ROS）及降解胆固醇能力的逐渐下降，冠状动脉内皮下的斑块需要十年甚至几十年时间才能生成，需要更长的时间才会导致血管腔狭窄，这就是冠心病多数见于老年人的原因。高血压、糖尿病、吸烟、肥胖等会明显加速这个过程，青年人或中年人也会提前出现。冠心病是一种慢性疾病，是与时间累积相关的疾病，任何治疗手段都不可能逆转。如果没有解决冠状动脉炎症、血管内皮细胞的过氧化等问题，支架内还会再次狭窄。

外科搭桥手术利用乳内动脉等其他部位的血管跨越狭窄处血管、旷置狭窄血管、恢复远端血流，但也没有解决近端血管斑块、近端血管狭窄的问题。冠状动脉血管内的过氧化问题不解决，桥血管也会再次狭窄、闭塞，同时，冠脉其他部位的血管内皮也会形成斑块，造成新的狭窄。

心脏功能有足够的储备

心脏功能的储备完全可以满足机体需要，心脏功能储备包括心率、心肌收缩力、冠脉血流等方面。遭遇地震等危险情况时，人体交感神经兴奋，心率增快、心肌收缩力明显增强、冠脉扩张、血流速度显著增快，心脏泵血效率可以短时间内提高几倍。单从心率上，我们就可以看出心脏功能储备的强大。正常人的心率从每分钟40次到140次不等。在脉搏输出量相同的情况下，增加心率，心脏做功可以提高3~4倍。如果心肌收缩力再增强2倍，心脏的输出功率可以提高6~8倍了，这个储备空间是非常大的。

心脏做功是维持生命的基础，心脏不停地跳动，会不会衰竭呢？在窦性心律时心跳60次/分情况下，心房收缩期占心动周期的1/8，舒张期占7/8；心室收缩期占心动周期的3/8，舒张期占5/8。在每个心动周期中，心脏收缩期非常短，而舒张期明显延长，心肌的灌注都是在舒张期完成的。这种工作模式保证了心脏多数时间内处于休息状态，保障了心肌细胞获得充分的能量与氧气。另外，睡眠时，我们的心率就会更低，心脏的做功时间就更少。这也是百岁老人的心脏连续不断地跳动百年的源泉。

因此，从理论上讲，只要心肌细胞没有病变、为心肌细胞供血的冠状动脉较为通畅，心律、血压及心脏瓣膜正常，我们的心脏就可以不停地跳动下去，不存在心脏衰竭的问题。心衰最为常见的原因是冠状动脉狭窄或者堵塞，或者是心肌细胞炎症及病变。

心脏各个指标都符合中庸

心脏的各个腔室，左右心房、左右心室都需要大小合适。左房增大可以诱发房颤、房速等心律失常，左室扩大伴有心功能下降就是扩张性心肌病。心腔内径变小多数是废用的结果，左室内径明显下降，严重影响左室血液回收的功能，左室萎缩多见于严重二尖瓣狭窄患者。二尖瓣狭窄，左房血液回流左室困难，导致左室长期无法完全充盈而功能废退，左室逐渐变小。左室萎缩患者治疗较为困难，二尖瓣球囊扩张或者二尖瓣置换后，大量血液迅速回流左室，左室短时间内难以适应这种情况，没有充足的储备以应对，就会出现急性左心衰竭，甚至猝死。

心室壁心肌厚度超过 10mm 就可以诊断为心肌肥厚，先天就存在的肥厚性心肌病具有一定的遗传性，心室心肌肥厚增生、排列紊乱，各个肌层电生理特性不一致，容易出现室早、室速等恶性心律失常。长期高血压控制不佳也可以引发心肌肥厚，这种心肌病是后天形成的，肥厚的心肌占用了部分心腔，这种心肌较为僵硬，主动扩张的能力和幅度下降，这些都会导致血液回流困难，形成心脏舒张功能不全。扩张性心肌病的心室肌厚度低于 5mm，多因心肌缺血或者心肌炎症导致心肌细胞坏死所致，前者多见于心肌梗死，后者多见于心肌炎。坏死的心肌细胞被纤维组织替代，心室壁变薄，失去收缩和主动舒张功能，心脏功能逐渐衰竭，死亡率明显增高。

人正常的心律由窦房结主导，称为窦性心率，一般波动在 60~100 次 / 分，心率低于 60 次 / 分，尤其是清醒状态下低于 50 次 / 分，即可诊断为心动过缓，如果伴有头晕、乏力、黑蒙，甚至反复晕厥，就需要永久起搏治疗了。心率超过 100 次 / 分，伴心慌、胸闷，就是窦性心动过速，如果心率超过 150 次 / 分，就需要及时心电图检查，窦性心律很少超过这个数值，这种频率的心律很可能是异位心律，如房速、房扑、室上速、房颤、室速等，这种异常心律需要积极治疗。

心电图上的各个指标也都反映出中庸的特点，各个导联的电压不能太高，过高提示心肌肥厚，过低为低电压，提示心肌病、心包积液等。PR 间期过短可能是预激综合征，过长就是房室传导阻滞。QT 间期过短可以诱发室速，过长且伴有心悸、晕厥，被称为长 QT 综合征，也可以诱发室速、室颤。

快速性心律失常导致心衰

室上性心动过速发作时，心率可达 150~200 次 / 分，心脏的收缩期基本保持不变，而舒张期被严重压缩。这种情况会引发两种结果：心脏休息时间缩短，容易心衰；心脏回心血量不足，最终导致心脏射血量明显减少，诱发低血压晕厥。室上速多数为短暂发作，发作后通过药物等手段也可以较快地恢复正常心律。房颤就不一样了，很多患者为持续性房颤或者永久性房颤，药物或者电除颤无法转复，患者长期心室率较快就可以导致心衰。临床上，所有永久性房颤患者经过一段时间后都会出现心衰，房颤所致的心衰非常麻烦。

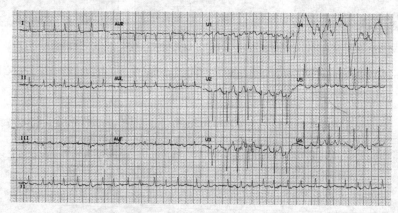

房颤发作时心电图，心律绝对不齐，心室率较快

房颤导致心房增大，心房越大，房颤越容易发作，形成恶性循环。房颤消融手术长期随访结果也证实，心房大小和房颤类型是影响房颤消融成功率的最为重要的两个因素。心房越小，房颤越容易转复，消融手术成功率越高。阵发性房颤手术成功率维持在80%左右，持续性房颤手术成功率则下降为50%左右。房颤也会导致心室增大，心腔扩大就会引发瓣膜相对性地关闭不全，导致血液反流，加重心衰，二尖瓣重度反流就需要外科换瓣或者修复治疗了。房颤时，左右心室以及左心室的各个节段运动不同步，进一步恶化心脏的射血功能。房颤早期通常心室率较快，诱导舒张性心功能不全，需要倍他乐克等药物控制心室率；长程持续性房颤患者往往会诱发房室结功能下降，出现心室率减慢、心动过缓，诱发缺血性心衰，往往需要永久起搏治疗。

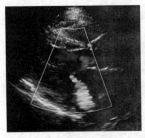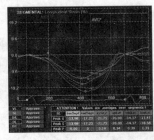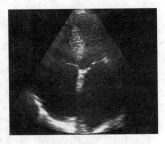

房颤可引发瓣膜反流、左室室壁运动不同步、心腔增大，导致心衰，左图为心脏彩超显示二尖瓣反流，中图为心脏超声斑点追踪显示左室六个节段运动不同步，右图心脏超声显示左右心房明显增大。

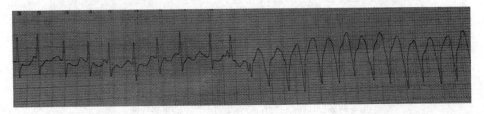

房颤可诱发室速，导致猝死（监控心电图记录到前半部分为房颤，白色箭头处为室早，诱发室速，患者最终死于反复室速、室颤）

　　许多大型的临床研究均证实，现有的治疗方法对于房颤所致的心衰疗效欠佳。β 受体阻滞剂——倍他乐克在其他心衰治疗中都表现为阳性结果：倍他乐克可以明显改善患者的预后，提高生存率。但是，倍他乐克在房颤心衰患者的治疗中呈现中性结果，既不增加也不减少死亡风险。即使房颤患者心电图 QRS 波群超过 150ms、心衰较为严重，心脏再同步化治疗对房颤伴心衰患者也是无效的。控制心室率、利尿、扩血管、改善心肌重塑等药物并不能阻断房颤进程，也不能减缓心衰进展。

心脏的电生理特性

　　心脏常常被称为合胞体，是指心肌细胞之间形成闰盘结构，连接较为紧密，电信号传导迅速，心室肌内膜还分布浦氏纤维，能够将电信号快速传递，这些特点保证了心肌细胞基本上呈同步、协调运动。由于心房和心室之间的房室结具有延缓心电信号传导的功能，心脏应当称为两个合胞体即心房和心室。窦房结内的细胞具有较高的自律性，以 60~100 次 / 分的频率发出电信号。由于心房肌较薄，厚度平均约 3mm，保证了电信号能够在内膜与外膜心肌之间较快地传导。另外，左、右心房之间存在 Bachman 束等快速连接肌束，窦房结发出的电信号可以较快地在心房间传导，左右心房就可以做到同步激动、同步收缩。

窦房结是心脏起搏频率最高的结构，房室结自主起搏的频率较低，为 40~60 次 / 分，心室肌的自主频率就更低了，平均为 30~40 次，称为室性逸搏心律。这种设计可能是出于以下考虑：窦房结主要功能是起搏，房室结则起到延迟传导的作用，而心室肌主要负责收缩和主动舒张，起搏功能已经不重要了。

如果窦房结功能下降或者丧失，房室结可以作为次级起搏点。但是，房室结的起搏频率较低，也没有多少储备，无法根据机体需求进行动态调节，患者会出现头晕、乏力，甚至晕厥。房室结位于心房和心室交界的中心位置，房室结部位起搏可以同时激动心房和心室，不利于心房的充盈，失去了房室顺序收缩和舒张。房室结的功能并不是起搏，而是更为重要的起搏延迟。窦房结产生电冲动，在较快时间内传导至房室结，在 120~200ms 后这个电冲动才到达心室。这样的传导方式保证了心房先收缩，心室后收缩的顺序，具有重要的生理意义。心房颤动时，心房的心率可达 300~600 次 / 分，如果没有房室结的延迟和过滤作用，所有的冲动都可以下传到心室，就会引发室速、室颤，导致猝死。

心脏电活动与机械活动密切结合

窦房结产生电信号，迅速在左右心房传播，电信号刺激心房肌收缩，心房收缩时将血液挤压到心室，心室内血液充分回流后再收缩，才能保证射血足量、血流顺畅。由于房室结延迟了窦房结的电信号传导，心室收缩总是落后于心房，这样就保证了心房 — 心室的顺序性活动。心房收缩时心室呈舒张状态，房室瓣开放；心室收缩时，关闭房室瓣，肺动脉瓣和主动脉瓣开放，将血液喷射到大血管，完成射血功能。如果心房和心室同步收缩，心房收缩时，房室瓣已经关闭，心房血液无法回流到心室，心室射血量会明显减少，主动脉内血流减少，远端血管供应的器官会明显缺血。心房内压力增高后，肺静脉淤血，甚至水肿，引发肺内气体交换障碍，导致呼吸困难。单腔起搏器患者经常会出现头晕、胸闷等症状，原因就在于心房心室可能出现了同步收缩的情况。心室收缩时房室瓣关闭，心房内的血流不能进入心室，而此时心房也收缩，血流就会逆流到肺部或者头颅，引发不适症状。

房颤时，心房失去收缩功能，心房内的残余血量增加，左房压力增高，引发肺淤血，导致呼吸困难。房颤伴快速性心室率时，心室舒张期时间被压缩，回心血量减少，增加肺淤血。心房的收缩功能对于肥厚性心肌病的患者尤为重要，这部分患者主动舒张的功能受损，特别需要心房的收缩功能。在心室舒张末期，心房收缩将心房内残余的血液压缩到心室，增加心室射血量。

临床上，终末期心衰患者经常表现为室性异搏心律，尽管罕见情况下心室的异搏心率可达 60 次 / 分，但是患者的心脏并没有有效地射血，血压无法测出，导致瞳孔散大、意识丧失、大小便失禁。也就是说，心室肌的自主心律并没有引发有效的心肌收缩，临床上这种现象被称为心脏的电 - 机械分离。这时，即使使用临时起搏等措施，心内起搏电极正常工作，患者的情况也难以改善，死亡将不可避免。

心脏各个部位的心肌分工明确，各司其职。窦房结主管起搏，房室结主要作用为延迟传导，心房肌、心室肌负责收缩和主动舒张，推动血液的循环流动。

心室肌结构与电生理特性

与心房肌明显不同，心室肌厚度可达5~10mm，分为心内膜、心中膜、心外膜三层，三层心肌的电生理特性不尽相同，而且左右心室的室间隔较厚。当然，我们心脏的主要功能体现在左心室，临床上除非特指，心脏功能、泵衰竭等名词都是针对左室。左室心肌比右室厚得多，室间隔凸向右室，以保证左室呈现较为完美的圆柱体，这种结构也是为了适应左室射血功能。不同于汽车发动机汽缸的活塞运动，左室收缩方式为螺旋形扭动，心底和心尖部位呈方向相反的扭动，就像拧干毛巾的动作，这样可以将更多的血液挤压出去，形成血压。左室心肌收缩力较强，室内压力高，与之相连的主动脉血管壁也较厚，弹性好，以适应较高压力的血流。右室室壁较薄，发育也不完全，呈香蕉状，趴伏在左室右前方。右室主要是作为一个血液流动的通道，右室内较低的压力提示右室心肌收缩力较小。

这些解剖与生理学特点决定了电信号在心室肌内及左右心室间传递较为缓慢，这就需要在心室内建立快速传导通路，以保证电信号的高效传导，保障左右心室的各个室壁运动、左心室各层心肌之间同步收缩。心脏内这个快速传导系统就是房室结 - 希氏束 - 左右束支 - 浦肯野纤维系统，简称希 - 浦系统。这个系统电信号传导速度是心肌细胞的好几倍，相当于心脏内的高速公路。

窦房结发出电信号，经由心房肌传导到房室结，经过希氏束，通过右束支进入右心室，激动整个右心室。希氏束来的电信号还会通过另一个分支——左束支来激动左心室。左束支又分为左前分支和左后分支，部分人还有间隔支。这两个分支继续向远端分为浦肯野纤维网，浦肯野纤维从心内膜穿到心外膜，其末端与心室肌细胞形成紧密连接。可以看出，窦房结发出的电信号激动心室的顺序为房室结 — 希氏束 — 左右分支 — 浦肯野纤维网 — 心内膜 — 心中膜 — 心外膜。希 - 浦系统的传导速度较快，可达 4 米 / 秒，以实现心内膜与心外膜的激动完全同步、左右心室几乎同步，从而保证了所有心室肌协调一致工作，以维持心脏基本的收缩与舒张功能。

心肌细胞表面离子通道

心肌细胞表面分布着较多的离子通道，包括 K^+、Na^+、Cl^-、$Ca2^+$、$Mg2^+$ 等，其中 K^+ 通道还分为 Kir、Kis、KATP 等亚型，通道的电子流还分为内向型和外向型。我们对于细胞表面离子通道的研究主要采用膜片钳技术，将一部分细胞膜吸入毛细玻璃管顶端内，并撕裂下来封存于玻璃管内，这部分细胞膜含有一定数量和种类的离子通道。这样，我们就可以研究各种刺激对离子通道的影响，这些刺激会影响离子通道的开放，从而引发细胞膜电位的变化。这种技术能够较为精准地研究每种通道的电流特征,研究各种通道对于刺激的反应。

各种刺激可能对细胞表面某些或者所有通道产生了影响,诱发细胞除极或者复极,导致心肌收缩、舒张或者参与心律失常。现在,我们还无法从整体上对细胞表面的所有离子通道进行检测、研究。某个外界刺激激活了哪些通道、关闭了哪些通道、减弱了哪些通道,这些通道之间有无影响,我们还不清楚。

抗心律失常药物的作用靶点是某个特异的离子通道,普罗帕酮(心律平)主要抑制钠离子通道,胺碘酮、索他洛尔抑制钾离子通道,维拉帕米抑制钙离子通道。这些抗心律失常药物中,胺碘酮的疗效较好,副作用也较少,原因在于胺碘酮既可以抑制钾离子通道,还可以抑制其他通道。胺碘酮的抗心律失常作用可以用"撒网"来形容,其他药物的作用就是"钓鱼"了。多数抗心律失常的药物都存在一定的副作用,可以诱发室速、室颤等恶性心律失常,既可以治疗心律失常又可以导致心律失常。长期服用抗心律失常药物导致心肌细胞复极时间延迟,即 QT 间期延长,细胞易损期延长,早搏等刺激容易诱发室速、室颤。理论上讲,抑制所有通道应该是治疗心律失常疗效最好的,但心脏内所有细胞的所有离子通道都被抑制,心脏的窦房结、房室结可能停止工作,心肌细胞对于刺激没有反应,可能会出现窦性停搏、房室传导阻滞以及心脏停跳。

心肌细胞表面的离子通道的这些特点决定了抗心律失常药物研发和临床使用上的矛盾与困难。

心脏瓣膜装置

心脏瓣膜装置包括瓣膜、乳头肌和腱索,瓣膜的开放和关闭由乳头肌控制,腱索是连接结构,瓣膜和乳头肌对于心脏功能产生较大影响。这些瓣膜装置就相当于我们房屋的门窗,而且是单向的,保证血流向一个方向流动。如果门窗打不开了,二尖瓣狭窄,血液不能流向左心室,左室容量减少,长期可出现左室废用性萎缩。血液淤积在左心房内,左房增大,诱发房颤,左房压力增高还会顺应性地导致肺淤血、肺水肿。主动脉瓣狭窄,血液难以射入主动脉,各个器官出现缺血症状，冠脉明显缺血诱发心绞痛、心肌梗死。如果门窗关不严，瓣膜严重反流，就像汽车发动机汽缸漏气，出现只烧油、车不动的情况，心脏功能很快就会出现衰竭。不管是门窗打不开还是关不严，只要是中度以上，这些门窗就需要及时更换，以防心衰，减少死亡风险。

瓣膜病患者接受人工瓣膜置换后，尽管瓣膜反流或狭窄得到明显改善，但部分患者会不同程度地出现心功能衰竭。人工瓣膜置入后并未与腱索和乳头肌连接，乳头肌完全游离于心腔内，心室运动与生理状态明显不同。因此，越来越多的心脏科专家倾向于心脏瓣膜修复，以维持心脏瓣膜装置的功能，减少不利影响。

心脏的内脏神经调控

心脏的复杂性还在于心肌受到交感神经与迷走神经的双重支配，心外膜存在较多的神经节，神经节内包括交感神经和迷走神经纤维，这些神经节发出神经纤维深入到窦房结、房室结及心室肌，以调节这些部位的功能。交感神经兴奋时，窦房结自律性增强，心率增快，同时房室结传导能力改善，将更多的窦性冲动传导至心室。交感神经兴奋，促进肾上腺素分泌，增强心肌收缩力。迷走神经兴奋时，心率减慢，房室结传导延缓，甚至出现房室传导阻滞的现象。同时，迷走神经还会抑制肾上腺素的分泌，以减弱心肌收缩力。

这两种不同神经兴奋所致的结果正好相反，其实是为了适应不同环境。交感神经兴奋主要是方便机体应对风险；迷走神经兴奋则是为了机体更好地休息，为下一次应对风险做出准备，目的都是更好地保护机体。另外，交感和迷走神经系统还与颈动脉窦、肺动脉壁等处的化学感受器配合，以适应机体代谢需要。

心肌细胞不可再生

与皮肤表皮细胞不同，心肌细胞是不可再生的，心肌细胞的这个特点决定了预防心肌坏死的重要性，心肌细胞一旦坏死便不可修复。引起心肌坏死最常见的原因就是冠心病中的危急情况——心肌梗死。如果堵塞的冠状动脉没有及时开通，梗死区域内的心肌细胞就会坏死。心肌坏死会引发两个紧急情况，一是出现心肌的电学不稳定：出现频发、多源的室早，这些早搏可以诱发室速，室早也可以直接诱发室颤，导致患者猝死。二是心肌坏死可以导致乳头肌断裂、室间隔穿孔，诱发急性左心衰，甚至导致死亡。心肌坏死还会引起心脏破裂，直接导致患者死亡。如果患者能够侥幸存活，由于心肌坏死后不能再生，只能被纤维组织代替，失去收缩与舒张功能，心衰将不可避免。

我们心脏的心肌细胞为什么不能再生？这是由心脏的特殊结构决定的。心脏不仅是一个肌肉器官，发挥收缩功能 - 将血液喷射到动脉里，或者发挥舒张的功能 - 将静脉里的血液吸引到心脏里；心脏还含有电路系统，即传导系统。心脏的动脉血管是从心外膜穿过心肌到心内膜的，心脏传导系统则是从心内膜到心外膜。心肌细胞之间也存在闰盘、桥接蛋白等机械和电学连接，心肌细胞表面含有大量的离子通道，心肌细胞之间的电流与这些离子通道关系密切。如果心脏的血管系统、传导系统和心肌细胞无法实现有效连接，心肌细胞之间的运动就不能做到收缩与舒张的协调一致，心肌细胞间的电学就难以稳定可靠，就会出现致死性的室性心律失常。另外，心肌细胞还需要和内脏神经相连接，接受其调节。心肌细胞如果能够再生，那么新生的细胞与传导系统能否紧密衔接、新生细胞与原来的心肌细胞能否实现电学的无缝连接，这是一个最大的挑战。

心脏干细胞治疗困境

部分心梗或者心衰患者接受干细胞治疗后就会遇到类似的问题。将体外培养的干细胞通过局部注射或血管输入，这些干细胞就可以移动到心肌坏死的区域，并在此处分化成心肌细胞，这样就可以明显改善患者的心功能。但是，干细胞治疗后的这部分患者，其室早、室速等心律失常的发生率明显增加。为改善患者症状，医生还需要进行导管消融，将引起心律失常的新生心肌细胞再次清除。发生心律失常的机制就在于这些新生心肌细胞与原有的心肌细胞电生理特性不一致，新旧细胞之间的连接以及与心脏传导系统的衔接也不够理想，激动就会不同步，导致室性心律失常。因此，心肌细胞不可再生性主要是为了维持心脏电学的稳定。

从根本上来预防机体过氧化、保护心肌细胞、保护血管内皮细胞，才能够真正做到预防和治疗冠心病、减轻心肌损伤、减缓心衰出现、减轻心衰症状，挽救患者的生命。

ROS与心衰

心衰是冠心病、扩心病、肥厚性心肌病、心脏瓣膜病、致心律失常性心肌病等心脏病患者的终末阶段，其中约50%的心衰患者其射血分数 ≤40%，这部分心衰患者5年的死亡率为50%，10年病死率可达90%。ROS可以损伤心肌细胞，引起冠脉狭窄、斑块破裂，促进心肌细胞凋亡、收缩与舒张功能受损，导致心功能衰竭。

心肌损伤所致心衰难以恢复

心衰的病因较为复杂，糖尿病、高血压、尿毒症、冠心病、瓣膜病、先心病等都可以诱发心衰，甚至快速地输液也可以导致心衰。过多、过快地输液，大量液体进入血液循环，肾脏不能及时将液体排出体外，心脏负荷就明显增加，大量液体潴留于肺血管内，并渗出于肺组织，导致肺淤血、肺水肿，患者出现喘憋、咳嗽、咳痰、不能平卧等心衰表现。恶性高血压患者，其左心室射血阻力明显增高，也可以引发心衰。过度输液或恶性高血压诱发的心衰，通过快速利尿、降压、扩血管等治疗，心衰就会快速、明显缓解。这些心衰患者的心肌细胞正常、心脏功能没有严重损失，在输液及高血压等诱因解除后，心功能可以部分或者完全恢复。

然而心肌梗死、心肌炎、扩心病、心肌淀粉样变等心肌细胞坏死引发的心衰，心功能难以恢复，药物疗效往往不佳。心脏的功能主要体现在心肌细胞上，心脏的收缩和主动舒张功能依靠心肌细胞完成，心脏的血管系统、瓣膜系统、传导系统、神经系统是为心肌细胞服务的辅助系统。心肌细胞又是不能再生的，一旦心肌细胞因缺血、炎症或自身免疫性疾病发生坏死，心脏功能下降不可避免，这种心肌坏死引发的心衰最终需要心脏移植，心脏移植也存在很多问题。

ROS导致冠心病，促进心衰

ROS可以刺激冠状动脉血管内皮增生、分泌纤维组织形成斑块的纤维帽。ROS 氧化胆固醇，氧化胆固醇容易沉积到血管内皮下形成粥样硬化斑块。ROS 促进基质金属蛋白酶（MMP）表达，MMP 溶解纤维结缔组织，导致斑块不稳定，促进斑块破裂，局部形成急性血栓，导致急性心肌梗死。心肌梗死后缺血再灌注损伤过程中，过氧化物也发挥了重要作用。ROS 可以导致心肌损伤、心肌顿抑及兴奋 - 收缩解偶联，出现室性逸搏心律，心脏不再具备射血功能，导致患者死亡。在心肌再灌注时，ROS 可以引起心肌细胞凋亡导致心脏破裂。

冠心病是心衰最为常见的病因，急性心肌梗死是发生心衰最为直接的原因，每个人对于缺血缺氧的耐受并不一样。理论上讲，急性冠状动脉闭塞后 12 小时之内将闭塞动脉开通，心肌细胞是可以恢复的。但是，在现实生活中，情况并非如此。部分病人，尤其是相对年轻的冠心病患者，由于没有形成侧支循环，心肌细胞对于缺血非常敏感，部分患者即使在 30 分钟内及时开通血管，恢复心肌供血，其心肌坏死并不能避免，坏死心肌无法"起死回生"。

老年人群冠状动脉狭窄情况较为常见，冠脉狭窄时间较长，心肌对于缺血缺氧耐受性较好。在长期的缺血刺激下，冠状动脉容易形成新生血管，这些血管可以与其他血管建立侧支循环，一旦出现急性血管闭塞，这些侧支血管可以提供一定的血液供应，以免出现完全的心肌坏死。

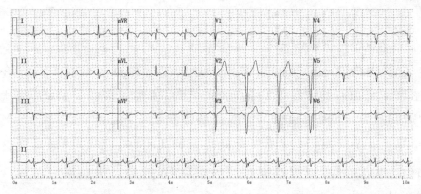

男性患者，49 岁时突发急性心梗，半小时内开通血管。这是术后 8 年的心电图，显示广泛前壁心肌坏死（V1-V5），病理性 Q 波出现。

一，M型·2D主要测值（单位：mm）			二，左心功能测定				
名称	测量值	参考值	名称及测值单位	测量值	四腔观	长	宽
主动脉根部内径	26	20-37	左室舒张末容积EDV(ml)	—	左心房	—	—
左房内径	39	19-40	左室收缩末容积ESV(ml)	—	左心室	—	—
左室舒张末期内径	56	35-56	每搏量SV(ml)	—	右心房	—	—
左室收缩末期内径	35	20-37	左室短轴缩短率FS(%)	—	右心室	—	—
室间隔厚度	10	6-11	心输出量CO(L/min)	—	IVRT (ms)	—	
左室后壁厚度	10	6-11	心指数CI(L/min/m²)	—	EDT (ms)	—	
肺动脉干	16	9-27	射血分数EF(%)	53	E/E'	—	

超声描述

心脏：
1.左房内径正常，左室内径正常，室间隔基底段增厚（12mm），左室壁厚度正常，室间隔中下段及左室心尖部运动减低，静息状态下左室各节段收缩活动未见明显异常。
2.二尖瓣不增厚，开放不受限，彩色多普勒示：二尖瓣微量反流。
3.主动脉窦部内径正常，升主动脉内径正常，主动脉瓣不增厚，开放不受限，彩色多普勒示：主动脉瓣微量反流。
4.右房容积正常，右室容积正常，肺动脉不增宽，三尖瓣不增厚，开放不受限，彩色多普勒示：三尖瓣微量反流。
5.心包腔内未见明显无回声区。
6.脉冲多普勒超声示：舒张期二尖瓣口血流速度A峰小于E峰，心律齐。
组织多普勒超声示：舒张期二尖瓣外侧壁环组织速度a'峰小于e'峰。

超声提示

室间隔基底段增厚
左室壁节段运动异常
左室收缩功能正常偏低

同一患者的心脏超声，提示心肌坏死：室间隔中下段及左室心尖部运动减低。

因此，中青年冠心病患者出现急性心肌梗死时往往容易发生室速、室颤而猝死，侥幸存活下来也会因为心梗后心肌细胞坏死而导致心衰。我们需要加大冠心病危险因素的宣传，戒烟戒酒，控制血压、血糖，控制体重，这些预防措施实际上极大减少了心衰的危险因素。

ROS可以直接诱发心衰

过氧化物对于心脏的作用分为直接作用和间接作用，ROS在较高浓度下可以直接与细胞内的脂类、蛋白质类、多糖及DNA等大分子物质反应，导致细胞膜、细胞器的膜结构损伤、蛋白质变性、关键酶失活。ROS氧化蛋白质、多糖等生物大分子产生晚期糖基化产物AGEs。ROS还可以通过氧化嘌呤、DNA断裂、蛋白质-DNA交联影响基因表达。

ROS还可以通过间接途径影响心脏的功能，ROS可以作为转化生长因子、血小板衍生生长因子、血管紧张素Ⅱ（AngⅡ）、成纤维细胞生长因子、内皮素等因子的配体发挥第二信使的作用，引起心脏的功能衰竭。

心肌细胞内缺乏超氧化物歧化酶等清除过氧化物的酶类，对于过氧化物非常敏感，血液循环内的过氧化物浓度过高会直接或间接损伤心肌细胞，抑制心肌细胞功能、促进心肌细胞凋亡，引起心肌收缩或舒张功能下降，最终导致心衰。用于肿瘤的部分化疗药物通过产生大量 ROS 发挥杀死杀伤肿瘤细胞的功能，这些药物也会损伤心肌细胞，导致心律失常、心衰等，形成了所谓的肿瘤心脏病学。

ROS 是细胞凋亡中的第二信使，细胞接收促凋亡信号后引起 ROS 的升高，升高的 ROS 可促进 Ca^{2+} 内流，上调 Bax 的表达，线粒体通透性转变孔的开放，天冬氨酸特异的半胱氨酸酶的激活，导致细胞凋亡。

ROS 与心肌重构

心肌细胞肥大是心脏对高血压、冠脉狭窄等疾病的一种代偿性的重构，心肌肥大可以导致心脏舒张功能降低、心肌僵硬、回心血量减少等，最终引起全心功能减低。ROS 通过多种途径参与心肌重构，激活基质金属蛋白酶参与细胞外液基质的重新组合，促进心肌细胞肥大、心肌细胞凋亡。ROS 是心肌细胞肥大的起源信号，ROS 可以促进 PKC、JNK、NF-κB、促分裂原活化蛋白激酶 p38、细胞凋亡信号激酶 1、细胞外信号调节激酶和钙调磷蛋白磷酸酶等细胞因子的表达，促进心肌细胞肥大。

Ang Ⅱ 通过 G 蛋白结合途径诱导心脏肥大；Ang Ⅱ 通过 NF-κB 信号通路促进 ROS 的产生；ROS 作为第二信使激活下游信号，包括 MAPK 激酶等，促进心肌细胞肥大。抗氧化剂可以减少细胞内蛋白质合成、抑制 Ang Ⅱ 导致的心肌细胞肥大。

心衰治疗存在的问题

心衰治疗主要包括治疗原发病，如冠心病介入与外科治疗、瓣膜置换、控制高血压等，除此以外，心衰治疗还包括药物治疗和介入治疗。治疗心衰的药物主要分为三大类，醛固酮受体拮抗剂、RAAS 系统抑制剂及 β 受体阻滞剂，另外，最近钠 - 葡萄糖共转运蛋白 2 抑制剂（如恩格列净）被推荐用于心衰的治疗。需要指出的是这些药物仅能减轻心衰症状，并不能让心肌细胞死而复生。

醛固酮受体拮抗剂可以抑制醛固酮分泌、降低血压、利尿，从而减轻心衰症状，改善预后。但是，这类药物具有促进男性乳腺增生的副作用，也可以引发高血钾，需要定期检测血清电解质。

RAAS 系统抑制剂包括各种 ACEI 类如依那普利等药物和 ARB 类如奥美沙坦等药物，抑制血管紧张素作用，降低心肌耗氧量，扩张血管，改善心室重塑，从而保护心脏。但这类药物具有降低血压、干咳、水肿、导致肌酐增高等副作用。

β 受体阻滞剂阻断交感神经兴奋，减慢心率、降低血压、降低心脏收缩力，从而降低心肌耗氧量，改善心衰患者预后。但部分患者会出现血压过低、心率过慢。另外心衰急性发作时禁用。这类药物还会引发眩晕、头痛、失眠等神经症状，也可出现恶心、呕吐、腹痛、腹泻等胃肠道症状。另外，β 受体阻滞剂对于生殖系统也会产生影响，可以导致男性性功能障碍。β 受体阻滞剂也会影响生育，待孕、备育者需要慎用。

恩格列净等药物通过抑制肾小管葡萄糖吸收达到降低血糖的效果，这类药物对于心肌、血管内皮均具有保护作用，近年来被推荐用于心衰的治疗。这类药物可以诱发低血糖、泌尿生殖系统感染。

心衰介入治疗主要是心脏再同步化治疗（CRT），通过置入左室、右室及右房电极，以改善左心室间隔壁和侧壁不同步的问题。但是，房颤伴心衰患者、心电图 QRS 波群小于 150ms 者疗效不佳。

心脏康复越来越受到临床医生和心衰患者的重视，尽管短期内能够改善心衰患者的症状，但是，我们需要铭记，心肌细胞坏死是不可逆转的，无论什么先进的康复手段都无法恢复坏死心肌的功能，预防才是我们应当高度重视的，否则就是本末倒置。

心衰患者在药物和介入治疗无效时可以考虑心脏移植，关于心脏移植的话题，我们已经讲过，不再赘述。

因此，减少机体过氧化、积极抗氧化，保护血管内皮细胞、心肌细胞，才能够真正有效地预防和治疗冠心病、减少心肌细胞损伤，提高心衰患者的生活质量，改善预后。

ROS与脑病

大脑是人体最为重要的器官之一，大脑功能受损后可以出现视物、感觉、语言、记忆等功能障碍及肢体瘫痪，导致残疾，大面积脑梗或脑干梗塞可以引发呼吸、心跳骤停而致死。大脑神经细胞对于缺氧非常敏感，几分钟时间就可以导致功能降低，十几分钟时间就可以出现不可逆损伤，几个小时就会导致永久性损伤。

2017年统计显示，中国约有1242万脑卒中患者，其中196万人死亡，是国民第一位死亡病因。脑卒中具有高发病率、高致残率、高死亡率、高复发率、高经济负担等特点。

我们现有的治疗手段非常有限，疗效不佳。患者出现神经系统症状，再送到医院启动脑卒中绿色通道，时间往往已经较长，错过了最佳治疗时机。这时候即使快速开通闭塞的血管，患者的脑功能也不能完全恢复。后续的药物治疗并不会明显改善脑功能，恢复或改善神经细胞功能的药物并没有多少进展，新药物的研发困难重重，残疾等后遗症就不可避免。

身残难以"志坚"

身体残疾一定程度上会导致精神上的残疾。脑梗后，偏瘫侧肢体肌肉会发生痉挛或者挛缩，影响关节运动。部分患者还会发生偏盲，视野不全，也会影响日常生活和运动。从正常的运动到偏瘫，任何人都难以接受，各种康复、各种药物、各种矫正畸形器械以及辅助手术都无法让患者恢复到完全健康的状态。多次努力、努力后的再次挫折会明显降低中风患者的自信心。多次、长期的尝试都归于失败，中风患者的眼神慢慢地就会从自信到怯懦，说话的音调也从洪亮到软弱。

临床上，也有部分偏瘫患者可以完全康复，不会遗留任何语言和肢体障碍，主要原因是脑组织的梗塞面积较小。大脑的功能储备较为强大，运动中枢位于中央前回的4区和6区，而且双侧备份。患者较为细小的血管堵塞，发生腔隙性脑梗死时，仅有少量神经细胞坏死，病情稳定后，这部分神经细胞的功能会逐渐被周围的神经细胞代替。但是，如果一侧的大脑中动脉闭塞或者栓塞，整个大脑半球失去功能，偏瘫、偏感、偏盲的症状就不可能恢复。

ROS 是脑损伤的"元凶"

脑血管病变和神经细胞病变是导致大脑功能受损最为常见的两个原因。脑血管狭窄或闭塞导致缺血性脑卒中；脑血管破裂会导致脑出血，也会出现中风的表现，称为出血性脑卒中。神经细胞受损可以导致老年痴呆、各种精神疾病，甚至导致各种肿瘤。过氧化物可以损伤脑血管内皮细胞、氧化胆固醇，导致脑动脉狭窄、闭塞。过氧化物也可以直接氧化神经细胞或者细胞内的蛋白质、多糖等物质，这些物质沉积到神经细胞，形成晚期糖基化产物，最终导致老年痴呆。

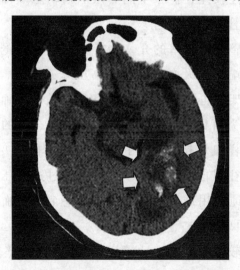

脑梗死是最常见的中风原因，可以导致患者残疾或者死亡（该患者为房颤所致脑梗死）

动脉粥样硬化导致脑血管管腔狭窄是造成脑卒中的主要原因，高血压、糖尿病、吸烟、饮酒等危险因素均可增加机体的炎症及氧化状态，炎症与过氧化物可以刺激血管内皮增生、平滑肌细胞迁移到内皮下并增殖，同时可以将胆固醇氧化，氧化的胆固醇被平滑肌细胞及单核细胞吞噬后形成粥样硬化斑块。

这些危险因素也可以导致斑块的不稳定，最终导致脑卒中。基底膜对于保持血脑屏障的完整性是必不可少的。

ROS可激活基质金属蛋白酶（MMP），降解基底膜，增加血脑屏障的通透性，加速脑水肿、出血和炎性反应过程和程度，从而导致脑死亡。

脑卒中后缺血再灌注损伤过程中，过氧化物也发挥了重要作用。

脑血管的特点决定了脑卒中预后较差

脑动脉粥样硬化所致的脑动脉狭窄、闭塞是脑卒中的主要病因，脑动脉解剖特点决定了其治疗的困难。

脑动脉管壁非常薄弱，与同级静脉血管类似，有利于氧气和营养物质的交换。脑动脉中层的弹力纤维较少，外膜肌纤维细胞也较少，导致血管弹性较差，扩张空间有限。脑动脉颅外段和远端血管迂曲较重，导丝导管操控性较差。

所有血管狭窄或者闭塞的介入治疗都遵循固定的模式，将导丝送到血管病变处远端，抽吸血栓或者用高压球囊扩张，将狭窄处管腔扩大，然后植入支架，再用球囊扩张，将支架贴合于血管内壁。冠脉介入使用的球囊压力可以高达20个大气压，这么大的压力可以将多数狭窄处的动脉粥样斑块挤扁或者挤破，当然钙化病变除外。脑血管使用的球囊压力往往只能在4~6个大气压，超过这个压力将导致脑动脉撕裂而出血。单纯采用球囊扩张的脑卒中患者，其血管的再狭窄率高达30%左右，预后不佳。

脑血管管壁较薄，导丝、导管都可能将血管壁穿孔，引发脑出血。球囊压力过高可以直接将血管撑爆，导致脑出血、死亡。球囊的压力过小，不能将狭窄的管腔扩张，支架无法植入，脑缺血的病情不会缓解。大面积的脑梗死会诱发脑组织局部组织液渗出，加重水肿，脑血管介入治疗后需要继续抗血小板或抗凝治疗一段时间，这些药物会加重脑组织液体的渗出，导致颅内压增高、脑疝甚至致死。因此，这种高风险的介入治疗并不一定能获得良好的预后，这样的治疗方法就难以在临床上大面积推广。

老年痴呆与 ROS

阿尔茨海默病 (Alzheimer's disease，AD) 又称老年痴呆，其病理变化复杂，病因和发病机制仍尚未完全清楚，但是越来越多的研究证实 β 淀粉样蛋白 (Aβ) 在 AD 发病过程中起着核心作用，其引起的一系列神经毒性作用导致神经细胞功能紊乱和死亡，ROS 参与了这个过程并发挥重要作用。在 AD 患者脑内异常增加的 Aβ 可增加晚期糖基化产物受体 (RAGE) 的表达，RAGE 作为 Aβ 的受体，进一步介导 Aβ 神经毒性的发挥，两者以正反馈的方式加速 AD 患者脑内的神经病变的发生。

RAGE 作为 Aβ 的受体，可以和 Aβ 发生直接的相互作用。在 AD 患者脑中，RAGE 的分布范围扩大、表达量上调。RAGE 和 Aβ 结合导致神经元损伤及突触可塑性降低；脑血管内皮细胞上表达的 RAGE 介导 Aβ 和内皮细胞的结合、内化和跨膜转运过程，其表达量的上调促进了 Aβ 跨血脑屏障的脑内流。除此之外，小胶质细胞上表达的 RAGE 和 Aβ 相结合，可促进小胶质细胞释放多种细胞因子，其表达量上调加强了脑的神经炎症病理反应。因此，RAGE 表达的增加从多个方面促进 AD 的早期发生并加剧其病理改变。

NF-κB 是对 ROS 敏感的核转录因子，NF-κB 可以激活 RAGE 的表达。大鼠海马注射 Aβ 后，细胞内 ROS 的水平得到了显著升高。NF-κB 和其抑制亚基 IκB 形成复合体，以无活性形式存在于胞浆中；当细胞受刺激后，IκB 被降解，NF-κB 被激活，进而由胞浆进入细胞核中，调节靶基因转录。大鼠海马注射 Aβ 后，海马组织 IκB 的表达显著降低，磷酸化的 IκB 的水平显著升高；NF-κB 的表达显著增加，同时 NF-κB 的磷酸化加强。还原型烟酰胺腺嘌呤二核苷酸 (NADPH) 氧化酶（NOX）是细胞内生成 ROS 的主要酶体，调节亚基为 p47phox、催化亚基为 gp91phox。注射 Aβ 后，大鼠海马组织 gp91phox 亚基、p47phox 亚基及 p47phox 亚基的磷酸化水平均显著上调，ROS 的生成显著增加。在 AD 患者脑内，异常增多的 Aβ 可以上调其受体 RAGE 的表达，同时伴随 NADPH 氧化酶的激活、ROS 生成的增加、NF-κB 的激活，形成正反馈。

那么，为什么神经细胞不能像其他细胞一样具有再生的能力？其实，神经细胞不可再生的特性具有非常重要的现实意义。

大脑功能储备强大

大脑皮质是神经电生理的基础，含有超过 100 亿个神经元及不计其数的神经突触，组成复杂信息传递网络。大脑皮质分为 6 层，各个层面各有特点又相互联系。神经胶质细胞分布非常广泛，可以保护和支持神经元。

大脑的功能足够强大，脑细胞不需要更新。刚出生时，我们的大脑就已经储备了强大的功能，单就记忆功能而言，我们的大脑能够储存几千万册图书的知识，能够容纳整个纽约图书馆的藏书。另外，我们的大脑还有推理、运算、统计、创新等功能，具有强大的应对挑战的能力。据推算，爱因斯坦、高斯等世界上最为聪明的人，其大脑的功能仅仅开发了约 3% 而已。也就是说，我们多数普通人并不愚钝，只是我们大脑功能没有充分开发，只是我们还没有很好的开发智力的方法。我们大脑的潜在功能足够强大，也就不需要进行经常性的更新。与其他器官不同，我们的大脑越用越好，不存在用脑过度的问题。

但是，大部分人都感到学习文化知识较为困难，一学习就头痛，玩耍时就缓解，很多人因剧烈的头痛难以坚持学习。

这是不是用脑过度？

平静状态下，大脑消耗能量约占机体总能耗的 20%，神经细胞代谢时产生过氧化物、乳酸等物质可以引发头痛，这种疼痛难以忍受。如果我们 24 小时连续不断地学习、不停地背诵，那肯定存在过度使用脑细胞的问题。但是，我们的课程设计多数为每节课 40 分钟，老师讲课 25~30 分钟，互动约 10 分钟，课间休息 10~15 分钟，这种安排就是为了定期让大脑休息，让机体有足够的时间将脑细胞产生的 ROS 尽快清除，以保护脑细胞。

学习确实是一件较为困难的事，我们需要多次复习、重复背诵才能将知识记牢。学习导致头痛，多数是学习方法不科学所致。我们只有集中精力、心无杂念才能将知识记住。我们需要开动脑筋、发散思维，将相关的知识点进行关联，这样知识才能巩固，才能将知识灵活应用。知识积累越多、知识面越广，我们学习新的知识后就可以快速地进行应用，前后呼应，新旧联系，这样学习效率就会越来越高。学习效率提高后，我们就可以有更多时间来休息，大脑耗氧量也就不会那么多，头痛自然减轻或者消失了。

大脑功能依靠训练获得

刚上小学时，我们从最为简单的拼音、极其容易的数学运算、较短的遣词造句开始，这些课程帮助我们提高记忆、运算以及语言表达等能力，即使这么简单，我们学得并不轻松。以后随着年龄增长，课程设计得越来越难、越来越复杂，我们的能力也随之越来越高。高中、大学、硕士、博士等学习阶段结束后，再回头看看前一个阶段所学的知识，往往感觉就没有那么困难了。大脑经过不同阶段的训练，具备了自主创新、自主科研的能力。

创新就是在充分掌握原有知识的基础上，对于原有知识进行改造或者推翻原有理论并创建全新理论体系的过程。创新是我们人类独有的能力，也是我们人类社会不断进步的基础。专业知识加上年龄增长所带来的社会经验、家庭经验等，我们大脑的综合处理能力得到明显提高，解决问题的能力自然也会明显提高。另外，我们大脑接受的其他方面的系统性训练越多，形成的综合能力就越强。音乐、文学、舞蹈、绘画、体育等技能都可以促进一个人的学习、理解、运用及创新能力，综合素质越高，综合能力就越强。

大脑功能的实现需要反复学习

大脑的功能需要长时间的反复学习才能实现。大脑功能包括情感、记忆、语言、行为、艺术、技巧、文学、创新、计算等方面，这些功能需要神经纤维、神经激素与递质共同相互作用，经过复杂的编码、加工、固化等程序，最终才能固定并存储下来。这个过程又涉及海马回、丘脑、杏仁核等较初级神经中枢和颞叶、顶叶等较高级的新皮质之间的相互作用，异常复杂。

投篮是篮球运动员需要具备的一项基本能力，但是运动员之间的命中率相差极大，尤其是面对高强度防守时。如果想多得分，取得更好的成绩，运动员必须提高自己的投篮命中率，必须积极地进行训练。

著名的 NBA 球星科比·布莱恩特，为了训练自己的投篮手感，每天凌晨 4 点钟开始训练，练习罚篮、抛投、跳投、急停跳投、三步上篮、扣篮等等，不断增强肌肉记忆，努力协调全身力量，协调大脑与肌肉，经过十几年的不懈努力，最终练就一身绝技。科比的投篮技术非常全面，后仰投篮、扣篮、抛投、罚篮、带球突破、左右手投篮等都非常娴熟，篮球视野也非常开阔，传球准确，既能得分，又能传球，终成一代篮球名将。科比的成长过程经历了长时间的、持续的训练，大脑、肌肉、关节、呼吸等各个方面才能够完美结合、力量与技巧统一协调，控制这些动作的指令就保存于脑细胞内。如果这些脑细胞被其他的新细胞替代，科比的这些技能需要重新训练才有可能获得。

神经细胞是大脑功能的基础

大脑功能与神经细胞的电生理功能密切相关。神经细胞和心肌细胞一样，在发挥生理作用的过程中会产生电信号的变化，电信号的传播主要依靠神经细胞的细胞膜。神经纤维及神经细胞外面包绕的神经髓鞘具有绝缘的功能，保证电信号快速、无损耗地传播，这种电信号传播效率较高。神经细胞还有轴突和树突，这些突起其实是细胞的延伸部分，其中流动着细胞浆成分，其中的神经递质也可以完成信号的传递，这种信号传递方式较为缓慢。神经电信号也可以促进或者抑制神经递质的合成与释放，影响神经突触形成。电信号与神经递质相互影响、相互配合，共同完成神经细胞的功能。

神经细胞之间的联系需要反复确认才能稳定，神经细胞的这种联系是记忆、运算等功能的物质基础。人体每天从视觉、听觉、嗅觉获得大量的数据，既需要快速地处理，又需要耐心地整理，将本人认为"有用"的信息存储下来。久而久之，每个人大脑内储存的信息就会有明显差别，通过这些信息来指导自己的日常行为，从而形成每个人独特的个性。

记忆是一种复杂的大脑功能

记忆是大脑的最基本的功能，但是记忆的形成也是相当复杂的。记忆就是把看到、听到或者经历过的现象储存到大脑中，记忆是人类大脑的基本功能。文学、艺术、科学创新则是在记忆基础之上的更为高级的神经活动，其机制也更为复杂，我们对此知之甚少。

神经递质、神经肽及部分氨基酸与我们的学习和记忆有关，肾上腺素可以促进情绪记忆，乙酰胆碱能够增强记忆；γ - 氨基丁酸与记忆关系较密切；促肾上腺皮质激素、加压素和褪黑素等神经肽等与记忆和学习有关。记忆需要神经递质、激素、神经纤维、初级神经中枢以及新皮质等相互作用、相互影响，不断固化，才能形成稳定的、可以重复播放的事件回顾。外显性记忆依赖于内侧颞叶系统，这个系统主要参与外显记忆的编码，同时也参与记忆的固化过程，经过足够时间的固化后，记忆才会独立于颞叶或海马结构，永久储存于大脑新皮质层。但是，记忆的永久储存点远离内侧颞叶，在其他部位的新皮质，编码与储存如何实现分离我们对此还不得而知。这种做法杜绝了把"所有鸡蛋放在同一个篮子里"，可以避免记忆的永久丧失。

记忆的机制仍不清楚

但是，记忆到底是以什么形式储存的？蛋白质合成或者修饰？如果蛋白质是记忆的基础，那么我们每天接受那么多信息，需要合成大量的蛋白质，神经细胞如何能够装得下？神经新突触形成？形成新突触也存在容量的问题，记忆的物质基础可能是多种方式结合，形成新突触＋蛋白质合成＋突触通道修饰＋蛋白质修饰，多种方式可以形成较多的组合方式，就可以满足海量数据的存储。另外，记忆如何编码？我们大脑内储存的记忆怎么样调出来？那种似曾相识的记忆到底是怎么回事？我们多数人没有"过目不忘、过目成诵"的能力，这种能力的物质基础是什么？我们怎么样才能获得这种能力？

　　记忆分为长时记忆和短时记忆，尽管我们大脑的容量非常大，但是我们会选择性地将某些记忆抛弃、遗忘，这些记忆多数为短时记忆。这些短时记忆并不是被完全遗忘，在某些特定的环境下，我们能够突然回忆起来，情景再现。长时记忆则是与我们的生存、刻骨铭心的经历相关。"一朝被蛇咬，十年怕井绳"，这就是长时记忆。与短时记忆明显不同，长时记忆需要蛋白质合成。cAMP反应成分结合蛋白（CREB）和NMDA受体被认为在长时记忆中起着关键作用。短时记忆容易实现，但是也容易忘掉；长时记忆需要通过编码、固化等复杂过程，需要蛋白质的合成，才能够储存下来，虽然效率不高，但是不易消退。

神经细胞也具有电生理功能

　　与心肌细胞类似，神经元也具有电生理功能，这些功能的基础是离子通道，离子通道包括Ca^{2+}、Na^+、K^+、Cl^-等通道。这些带电离子细胞内外的不平衡分布是细胞静息和动作电位的基础。神经胶质细胞可以支持与保护神经元。其中，星形胶质细胞能够调控神经元同步放电、细胞带电离子动态平衡、葡萄糖代谢和神经递质的吸收，也能够调节血管紧张。星形胶质细胞功能异常可以诱发神经系统过度兴奋及炎症反应，参与癫痫等病理过程。

　　离子通道蛋白往往是受神经递质调控的靶蛋白，神经细胞分泌神经递质后与细胞膜受体结合，引发离子通道开放或关闭，产生跨细胞膜的电流。脑内的神经递质较为复杂，大体可分为生物原胺类、氨基酸类、肽类及其他类。生物原胺类神经递质包括多巴胺、去甲肾上腺素、肾上腺素和5-羟色胺。多巴胺、去甲肾上腺素、肾上腺素属于兴奋性神经递质，让大脑保持清醒和兴奋，同时还可以增强心肌收缩力、提高心率、增高血压，形成脑——心反馈，以适应危急情况。过山车、激烈的篮球比赛、观看动作大片等活动能够促进机体分泌肾上腺素，达到"肾上腺素飙升"，可以刺激大脑兴奋，产生"过瘾"的满足感，并可能形成某种依赖，这是极限运动的魅力物质基础。5-羟色胺是色氨酸经羟化酶催化形成的，具有抑制大脑皮质的作用。

氨基酸类包括谷氨酸、甘氨酸、天冬氨酸、γ-氨基丁酸、牛磺酸、组胺与乙酰胆碱。其中，γ-氨基丁酸属于抑制性氨基酸，能够抑制神经元活动。谷氨酸、甘氨酸、天冬氨酸、组胺与乙酰胆碱属于兴奋性氨基酸，参与觉醒与癫痫等生理和病理过程。牛磺酸不属于这两类。谷氨酸、甘氨酸、天冬氨酸都是最为常见的氨基酸，存在于蛋白质类食物中。人体非常巧妙精彩，物尽其用。氨基酸具有较多的功能，氨基酸可以合成各种蛋白质，也能够转化为葡萄糖或者脂肪，还参与了神经信号的传递。味精的主要成分为谷氨酸及谷氨酸盐，这是味精可以增加食物鲜味的原因，也是人们担心味精可能引发失眠、儿童多动症的原因——谷氨酸是兴奋性神经递质。

肽类神经递质分为内源性阿片肽、P物质、神经加压素、胆囊收缩素、生长抑素、血管加压素、宫缩素和神经肽Y等。其他神经递质包括核苷酸类及一氧化氮等。高脂饮食刺激小肠黏膜细胞分泌胆囊收缩素，促进胆囊收缩、胰腺分泌消化酶类。胆囊收缩素还会作用于大脑，产生饱腹感和停止进食，形成肠—脑反馈，协调食物的适当摄入，保持身材。

这些神经递质与离子通道偶联，与神经元、神经胶质细胞共同组成庞大而复杂的神经网络系统，发挥睡眠、觉醒、学习、记忆等功能。神经网络系统失衡可以导致痴呆、癫痫、记忆减退、精神分裂等疾病。

脑细胞更新意味着大脑功能的消退

单就记忆而言，我们的脑细胞不能更新！记忆储存的部位在脑细胞，这些细胞更新就像是电脑硬盘的格式化，我们学过的知识、技能、语言、记忆等等将会被全部删除。这些删除后，我们可能连最亲密的家人也不能认出，连最基本的走路、吃饭等动作都不能顺利完成。如果想重新融入社会，我们只能从头学起。而当我们刚刚学会走路、吃饭、说话时，脑细胞再次更新，我们的这些技能又会消失殆尽。不管你的学习能力有多强，一旦脑细胞不停地更新，我们就永远是一个什么都不懂、什么都不会做的痴呆。

综上所述，我们的大脑功能足够强大，不能也不需要更新；神经细胞对于缺氧非常敏感，一旦损伤难以恢复功能。因此，维持大脑的功能就必须依靠预防。减少 ROS 可以预防脑动脉硬化，改善脑组织的供血，预防脑卒中；降低 ROS 可以明显保护神经元及神经胶质细胞，减少 β 淀粉样蛋白及其所致的脑组织炎症，预防老年痴呆。积极戒烟戒酒，主动口服抗氧化的食物或者药物，减少机体的过氧化，就可以保持大脑功能。

ROS与慢性阻塞性肺病

　　慢性阻塞性肺病（COPD）是一种以气流限制为特征的、不能完全逆转的疾病状态。COPD 主要包括慢性支气管炎和慢性阻塞性肺气肿，临床表现为咳嗽、咳痰、活动后气促，严重影响病人生活质量。随着病情进展，机体肺功能逐渐下降，慢性呼吸衰竭是 COPD 患者的主要死亡原因。

　　2012-2015 年中国成人肺部健康研究显示，20 岁及以上人群 COPD 发病率可达 8.6%，40 岁及以上人群发病率增加为 13.6%，男性高于女性，随着年龄增长而增加。

　　肺脏主要由各级气管、支气管和肺泡组成，气管、各级支气管与细支气管组成气体进出的通道，每个细支气管与大量的肺泡连接，就像一串葡萄，气管与细支气管为葡萄梗，肺泡则像一粒一粒的葡萄，气体交换的主要场所就位于肺泡。肺动脉将回流的静脉血输送到肺泡周围的毛细血管，这些毛细血管与肺泡紧密贴靠，方便血液与肺泡进行气体交换。经过气体交换，含氧量较低的静脉血就变为耗氧量高的动脉血，经由肺静脉流回左心房。

　　心室主动舒张，心室腔内呈负压，方便血液回流。吸气时，胸腔呈负压，这样，静脉血可以较为容易地回流到右心室，右心室的血液也较易流入各级肺动脉。肺泡内表面分布的表面活性物质可以降低肺泡表面张力，防止肺泡过多扩张，也有利于血液回流入肺。右心衰时，四肢及内脏器官静脉血回流困难，患者出现皮肤水肿、腹水、胸水等表现。左心衰时，肺静脉内血流回流减少，引发肺淤血、肺水肿，导致患者呼吸困难。

　　气管以软骨作为支撑骨架，保持气流进出畅通。软骨表面覆盖着紧密排列的气管上皮，上皮细胞主要有两类，纤毛柱状上皮细胞和黏液细胞。纤毛柱状上皮细胞面向管腔的顶部长有纤毛，向主气管方向摆动，可以将黏液及异物运送到气管。黏液细胞可以分泌黏液，用来粘附病毒、细菌及吸入气管内的异物，最终形成痰液。气管及肺泡内需要保持干燥，不能有任何水或者黏液，以保障气体交换的顺利进行。气管及各级支气管内膜分布着密集的感觉神经，痰液、食物、水和刺激性的气体等可以诱发剧烈的咳嗽反射，通过咳嗽可以将气管内的物质排出呼吸系统，保持呼吸道通畅，减少对肺部的危害，防止异物导致的窒息。

部分脑梗患者咳嗽反射减弱，痰液不能及时排出，食物容易误入气管而不能排出，肺泡及细支气管不能保持清洁，病毒、细菌感染在所难免，形成坠积性肺炎，这是长期卧床脑梗患者最为常见的感染原因。

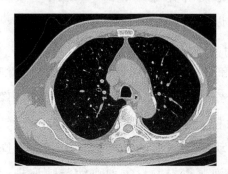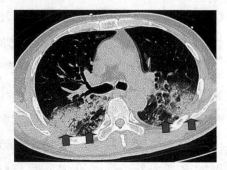

正常肺脏（左图）与坠积性肺炎（右图）对比CT影像，右图为脑梗患者肺炎，后下肺部可见炎性渗出物，CT片子呈"白色"，为卧床及咳嗽反射减弱所致（红色箭头）

气管上皮细胞更新较快，损伤坏死后可由基底细胞来补充，基底细胞具有较强的增殖、分化能力。急性呼吸道感染可能引发气管上皮细胞坏死，炎症物质及病原微生物可刺激裸露的神经引发咳嗽，这时痰涂片中就可以发现纤毛上皮细胞。只有等到上皮细胞完全修复后 - 这个过程可能需要1~2周，咳嗽的症状才会逐渐消失。气管上皮因较强的更新能力而对 ROS 较为耐受。长期慢性的 ROS 刺激，上皮细胞会发生鳞状上皮化生 - 由纤毛柱状细胞变为与皮肤表面类似的鳞状上皮细胞，虽然保护作用变强，但鳞状上皮细胞表面没有纤毛，失去了运送黏液的能力，气管、支气管内的黏液等异物增多，加重呼吸困难。鳞状上皮细胞在 ROS 的作用下发生基因突变，最终可形成鳞状细胞癌，简称鳞癌。而纤毛柱状细胞间的黏液细胞的基因也可以发生突变，形成黏液腺癌，简称腺癌。肺部恶性肿瘤主要由气管上皮细胞恶变而来。

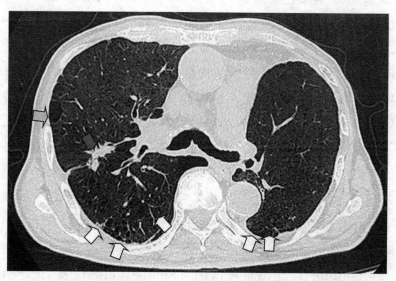

肺气肿（白色箭头）、肺大泡（黄色箭头）是肺泡坏死所致，长期吸烟既可以导致肺气肿，引发呼吸功能减低而致残，还可以导致肺癌而致死（红色箭头）

　　吸烟是 COPD 首要的危险因素，吸烟时间越长、吸烟量越大，发病率越高。80%~90% 的 COPD 患者是吸烟所致，每日吸烟 40 支以上者，吸烟 20 年，患病率高达 75.3%。吸烟明显增加 COPD 累计发病率，持续吸烟者为 35.5%，从不吸烟者为 7.8%。烟草燃烧后可产生过氧化物，过氧化物吸入口腔及气道后可以作用于局部，也可以吸收入血液，随血液循环到达机体的任何部位。过氧化物是诱导气管上皮细胞及肺泡细胞损伤、坏死及基因突变的主要原因。过氧化物也可以诱发炎症反应，导致肺间质增生、纤维化。

　　肺泡主要由肺泡 I 型细胞和肺泡 II 型细胞组成，I 型细胞呈宽扁形，超薄的细胞构型有利于气体交换，构成肺泡 95% 以上的表面。II 型细胞呈小立方形，仅占肺泡表面的 1%。II 型细胞可以看做是 I 型细胞的干细胞，在 I 型细胞受到 ROS 损伤坏死后，II 型细胞能够及时增殖、分化，维持肺泡的完整性。肺泡间还分布着单核细胞、淋巴细胞、神经内分泌细胞等，参与肺部免疫。

　　这两种类型的肺泡细胞对于 ROS 都非常敏感，I 型细胞受到

ROS 损伤较易坏死。Ⅱ型细胞受损后，肺泡失去更新能力，结构的完整性难以维持，肺泡的气体交换功能受到影响。Ⅰ型和Ⅱ型细胞受损后，肺泡破裂，融合成较大的肺大泡，影响气体交换。另外，Ⅱ型细胞损伤还会减少表面活性物质的合成，导致肺泡扩张融合、肺泡结构破坏、呼吸困难。由于这两种肺泡细胞对 ROS 较为敏感而容易发生坏死，肺泡细胞来源的恶性肿瘤就较为少见。

正常的肺泡需要维持一定的形态，既不能完全塌陷，也不能无限扩张。不管我们如何用力呼气，肺泡内总有一部分气体存留，这就保证了肺泡不会塌陷。当然，这些残存气体会降低一定的气体交换效率。肺泡内表面均匀地涂抹一层表面活性物质，这种物质主要由磷脂酰胆碱组成，可以降低肺泡表面张力，增加肺顺应性。正常人的肺活量为 3500~4000ml，运动员可以达到 5000~7000ml。我们吸气时，可以将几千毫升的气体吸入肺泡内而很少感到吃力，肺泡的表面活性物质发挥了主要作用。这种物质可以减少肺泡张力，降低肺内压力，有利于维持吸气时胸腔内负压，促进静脉血液回流肺组织，也能够防止肺泡无限扩大引发破裂、融合，形成肺气肿、肺大泡。

表面活性物质主要由肺泡Ⅱ型上皮细胞合成和分泌，其中脂质占 90% 左右，大部分为磷脂酰胆碱，主要降低肺泡气 - 液界面的表面张力。蛋白质含量 10% 左右，主要为肺泡表面活性物质相关蛋白 (SPs)，包括 SP-A、SP-B、SP-C 和 SP-D，其中 SP-A 和 SP-D 具有亲水性，可以调节磷脂的分泌、参与免疫调节和炎症反应。SP-B 和 SP-C 呈疏水性，能够促进磷脂吸附并分布到肺泡气 - 液界面，形成稳定的单分子层，从而降低肺泡表面张力，增加肺顺应性。表面活性物质表达异常引发肺泡表面张力改变，导致肺泡结构塌陷，其邻近的肺泡过度扩张而致肺气肿。

正常生理状态下，蛋白酶 / 抗蛋白酶系统保持平衡状态。吸烟和细菌感染等因素导致蛋白酶 / 抗蛋白酶系统失去平衡，这种失衡一方面表现为抗蛋白酶绝对量减少，或者抗蛋白酶活性降低，另一方面表现为蛋白溶酶活性增高，特别是肺内中性粒细胞蛋白酶（NE）活性过高。NE 可以特异性地降解肺实质结缔组织的主要成分弹性蛋白等间质成分，引发弹性组织变性、损害支气管上皮、减少纤毛摆动。NE 还能够刺激黏液腺分泌，灭活肺组织重要的防御系统。这种失衡可导致细胞外基质蛋白和胶原破坏，还会引发肺实质细胞成分的损伤，最终导致肺气肿。

α- 抗蛋白酶（α-AT）相对缺乏导致蛋白酶/抗蛋白酶系统失衡可能是肺气肿致病的主要原因。在下呼吸道，体内 90% 以上的抗中性粒细胞蛋白酶活性由 α-AT 承担。α-AT 主要由肝脏产生，单核细胞、肺泡巨噬细胞和上皮细胞也能合成 α-AT，这些肝外合成的 α-AT 在局部组织损伤的调节中起重要作用。巨噬细胞及中性粒细胞释放的 NE 具有降解弹性蛋白的作用。α-AT 能抑制弹性蛋白的过度降解，从而保护肺组织不受 NE 的酶解损伤。

α-AT 缺陷是一种单基因疾病，由位于 14 号染色体上的 SERPI-NA 基因突变引起。SERPINA 基因极易发生突变，超过 100 个等位基因已经被鉴定出来，但并不是所有的等位基因都与该疾病有关。最常见的缺陷变体为 Z 和 S，其出现频率分别为 0.02 和 0.05。PiZ 变体是经典 α-AT 缺乏最常见的原因。α-AT 分子的这种中间体形式对细胞内分解代谢敏感，也易相互连接形成环-片层多聚体。α-AT 缺乏是一种遗传性疾病，出现概率为 1/10000~1/1500，这与正常人群 COPD 高达 8.6% 的发病率相距甚远。

烟草燃烧、汽车尾气、工业废气、厨房油烟等产生的 ROS 能够引起肺泡巨噬细胞释放中性粒细胞趋化因子，募集巨噬细胞、中性粒细胞，ROS 刺激中性粒细胞释放蛋白酶，增加蛋白酶活性水平。这些细胞在炎症因子与 ROS 刺激下分泌蛋白酶，这些蛋白酶包括中性粒细胞来源的弹性蛋白酶、组织蛋白酶 G、蛋白酶 3 以及巨噬细胞分泌的明胶酶、基质溶解因子和基质金属蛋白酶等。蛋白酶释放增加以及抗蛋白酶系统功能失活导致亚临床肺损伤，肺泡实质的持续性慢性重构最终引起显著的肺气肿及临床症状。

某些患者血清中 α-AT 在数量上并没有减少，但是其抑制蛋白酶的功能不足，可能与抗蛋白酶的活性中心失活有关。气道中的过氧化物以及活化的中性粒细胞释放过氧化物，这些过氧化物可以氧化 α-AT 酶复合物的活性位点氧化甲硫氨酰基，抑制 α-AT 的活性。

　　呼吸系统的各个组织细胞虽具有一定的再生能力，但仍对 ROS 较为敏感，尤其是下呼吸道的细胞，受损后并不能完全恢复，病情进展到慢性支气管炎、肺气肿、肺大泡等阶段后，呼吸功能就难以恢复，需要积极预防以改善生活质量。

ROS与肺动脉高压

2016 年数据显示，全球肺动脉高压的发病率约为 1%；在 65 岁以上的人群中，肺动脉高压的发病率高达 10%，且致残率和病死率都较高，药物疗效难尽人意，预后较差。肺动脉高压是不可治愈的，现有的药物不能阻断疾病的进展。吸烟等不良嗜好可以明显增加机体过氧化物水平，促进肺动脉高压。

ROS 在肺动脉高压的病理生理过程中起着重要作用，尤其是其信号传导通路及与其相关的生长因子，直接或间接地导致原发性肺动脉高压。

1.ROS 清除一氧化氮（NO），导致血管收缩。肺动脉内皮细胞产生的 NO 具有较强的舒张血管、抗平滑肌细胞增殖的作用，在肺动脉血管重构中起重要作用。各种氧自由基等过氧化物可迅速清除 NO，造成 NO 降解增加、NO 生物利用度降低，最终导致血管内皮功能障碍、血管收缩。

2.ROS 促进内皮细胞凋亡。过量的 ROS 通过上调 Fas 的表达、诱导线粒体 DNA 损伤、激活 JNK/C-Jun 等途径促进血管内皮细胞凋亡。同时，对于过氧化物不敏感的内皮细胞过度增殖，引起血管重构、丛样病变、原位血栓形成和血管闭塞等病理变化，加重肺动脉高压。

3.ROS 可以诱导平滑肌细胞迁徙及增殖。ROS 通过 ERK/cyclin D2、TGF-β1/Smad 信号及缺氧 /HIF-1α 途径，诱导肺动脉血管平滑肌细胞迁徙至内膜，并促进细胞增殖，导致血管狭窄。

4.ROS 促进血管外膜成纤维细胞迁移。ROS 通过激活 MAPK 信号传导通路，调控 MMPs 和 TIMPs 基因的表达，介导成纤维细胞由外膜迁移进入血管中膜和内膜，导致血管中膜及内膜增生。

5.ROS 可促进多种致炎细胞因子的表达。包括 PI3K/Akt、p38 丝裂原活化蛋白激酶、c-Src、转化生长因子 (TGF-β1)、血管内皮生长因子 (VEGF) 等，而细胞因子也可以刺激 ROS 的产生，二者互为因果。这些细胞因子诱导肺动脉血管重塑、增加肺动脉压力。ROS还促进内皮细胞合成和分泌细胞间黏附分子和整合素，增加中性粒细胞、单核细胞黏附，增加局部炎症与细胞凋亡，导致局部血栓形成。

6.ROS诱导右心室肥厚和衰竭。ROS与肺动脉高压致右心室重构的病理发展过程密切相关，内源性超氧化物歧化酶对应激环境下的肺动脉高压有保护作用。心力衰竭时的NADPH氧化酶表达增强、黄嘌呤氧化酶的生成增加，ROS产生增多，一氧化氮合成酶功能失调或缺失，导致线粒体功能缺陷、能量合成减少，促进细胞凋亡。Ang-Ⅱ通过激活NADPH氧化酶产生大量ROS来诱导心肌肥厚。

目前，肺动脉高压常规治疗药物钙离子拮抗剂、β受体激动剂等疗效欠佳，效果较为肯定的是靶向药物，主要包括针对前列环素、一氧化氮（NO）、内皮素的靶向药物。

前列环素具备强效的血管舒张作用，主要由内皮细胞产生，同时还能够抗血小板聚集、抗细胞增殖功能，通过环磷酸腺苷（cAMP）信号通路发挥作用。这类药物主要包括：前列环素类似物和前列环素IP受体激动剂。依前列醇是最早用于临床的靶向药物，是唯一可降低特发性肺动脉高压病死率的药物。

一氧化氮是细胞内的重要信号分子，扩张血管的作用主要通过激活环磷酸鸟苷，从而抑制细胞外钙离子内流来实现。目前临床常用的一氧化氮靶向药物包括磷酸二酯酶抑制剂（西地那非、他达那非、伐地那非）和鸟苷酸环化酶激动剂两大类。

内皮素是迄今为止发现的最强的血管收缩因子，能够促进平滑肌细胞分裂，阻断内皮素受体，发挥血管扩张、治疗肺动脉高压的作用，批准上市的相关药物包括波生坦、安立生坦和马西替坦。

以上这些药物均存在面色潮红、头痛及胃肠道反应等副作用。这些药物的价格较高，患者的经济负担非常沉重。

因此，消除过氧化物、降低内皮细胞凋亡、减少细胞因子释放才能有效地抑制肺动脉内皮、平滑肌细胞及成纤维细胞迁移、增殖和新生血管生成，减少血管丛样病变、原位血栓形成及血管闭塞，预防和减轻肺动脉高压，降低死亡率。

ROS与慢性肾功能不全

人体肾脏皮质主要由肾小球组成，而肾小球其实就是一团血管球，主要发挥过滤血液的作用，初步将血液中的水、葡萄糖、部分蛋白质、脂肪及人体的代谢产物过滤到肾小囊内。这些代谢产物包括肌酐、尿素、尿酸、胆红素以及少量的离子等，水作为这些废物的溶解液，形成原始尿液。肾脏的髓质主要由肾小管构成，肾小管的作用是回收。葡萄糖、蛋白质、脂肪等营养物质是必须回收的，否则，营养物质会大量流失。H_2O、NA^+、K^+、HCO_3^-等根据机体的实际情况部分或者全部回收。肌酐、尿素、尿酸、胆红素等代谢产物将不再被机体回收，随着尿液排出体外，这些物质就被称为代谢废物。

H_2O、NA^+、K^+、HCO_3^-等成分是否回收、回收多少，机体会根据实际情况来调节，以调整血压、酸碱平衡、内环境平衡。在烈日下行走，我们会感到唇焦口干，这是由于体内水分蒸发较多、缺水严重所致。这时，尿量就很少，或者完全没有尿液，因为肾小管大大加快了回收速度和数量。当我们大量饮用啤酒后，尿液很快就会增多。啤酒主要成分是水，大量饮用导致血容量快速增加，血液稀释。如果没有及时的调整，机体会出现血压增高、细胞水肿、心脏负荷加重，可诱发心衰、心绞痛、昏迷等危险情况。但多数人并未出现这些问题，这是肾脏发挥了重要作用。饮水、饮酒增多都会抑制肾小管重吸收而导致尿液增多，促进排尿。另外，临床上，我们常用利尿剂作为治疗高血压的药物，通过抑制肾小管重吸收水分、钠、氯离子等，血液循环内的液体量减少，血压就会下降，也促进氯化钠的排泄——这非常有利于钠敏感的高血压患者（因咸食所致的高血压患者）。当然，利尿过度也会导致血压过低、低钠、低氯，利尿也会引发钾离子流失，导致低血钾。

正常情况下，肾脏内含有一定数量的清除过氧化物的酶类，对于机体产生的少量过氧化物能够耐受。但是，炎症及糖尿病等疾病可以产生大量 ROS，ROS 损伤肾脏肾小球、基底膜、肾小管及间质，导致肾脏功能不全。随着生活方式的改变，糖尿病发病率增加，目前糖尿病所致的肾病是肾脏功能不全的主要原因。肾功能不全主要表现是血清肌酐、尿素增高，蛋白减低，而尿液中蛋白质增高，也就是过滤功能和回收功能都降低了。

糖尿病可以通过多种途径诱发机体产生大量 ROS，ROS 是糖尿病、肾病的主要致病机制。

ROS 激活 RAAS 系统，引发系统性炎症，血流速度增快，肾小球呈高灌注、高血流状态，加速肾小球滤过功能衰竭。

ROS 氧化低密度脂蛋白，促进肾动脉粥样硬化，导致肾动脉狭窄，肾脏缺血。肾小球也是血管组织，ROS 同样可以诱发肾小球硬化、血管透明性病变，损伤肾小球滤过功能。

肾小囊脏层的足细胞是肾小球发挥滤过功能的主要结构基础，足细胞胞浆形成伪足样裂隙与肾小球基底膜组成了滤过屏障的主要结构，肾小球基底膜的形成和修复需要足细胞参与。ROS 可以直接损伤足细胞，引发足细胞功能下降，也可诱发足细胞凋亡，导致肾脏滤过功能下降。

ROS 氧化四氢生物蝶呤，引发内皮性一氧化氮合酶解除偶联，失去产生一氧化氮的能力，转而产生过氧化物。ROS 氧化脂质，抑制环氧化酶活性，减少前列腺素 I 的合成，降解一氧化氮，引起内皮依赖性血管舒张功能下降。一氧化氮和 ROS 共同参与了肾小球高灌注、高滤过等血流动力学改变。

ROS 氧化肾小球基底膜内的磷脂，肾小球通透性增加，蛋白质沉积，基底膜增厚。硫酸肝素蛋白是基底膜致密层的主要成分，带有电荷，呈筛网状分布。ROS 选择性地降低硫酸肝素蛋白的合成，损害肾小球滤过膜电荷和结构屏障。ROS 损伤红细胞膜，细胞膜氧化后流动性差，对内皮细胞的黏附性增高。

ROS 激活转化生长因子 -β1（TGF-β1）、单核细胞趋化蛋白 -1（MCP-1）等细胞因子的表达，促进细胞外基质增加、肾小管间质纤维化。而 TGF-β1 可以活化 NADPH 氧化酶而产生 ROS，形成正反馈调节。TGF-β1 是细胞外基质积聚的关键因素。

细胞外基质降解系统包括纤溶酶原激活剂/抑制剂（PA/PAI）系统和基质金属蛋白酶/蛋白酶组织抑制剂（MMP/TIMP）系统。ROS 在肾小球系膜细胞和肾小管上皮细胞发挥不同的作用，ROS 可以增加系膜细胞内 PAI 的表达，减低 PA 的表达，从而降低系膜细胞降解细胞外基质的能力。在肾小管上皮细胞，ROS 可上调 MMP 表达，下调 TIMP 和 PAI 的表达，增强细胞降解基质的能力，加速肾小管基底膜的降解，促进肾小管上皮细胞迁移至肾间质，参与肾间质纤维化。

上皮细胞间质转变（EMT）是肾小管间质纤维化的重要原因，ROS 在其中发挥了重要作用。ROS 能够提高 TGF-β1 表达，而 TGF-β1 促进肾小管上皮细胞的转分化，形成肌纤维细胞，这种细胞的运动能力明显增强，可通过受损的基底膜侵入肾间质。肌纤维细胞可以表达平滑肌肌动蛋白，并具有分泌纤维蛋白、胶原蛋白的能力，参与肾间质纤维化。肾小管上皮细胞 EMT 的病理过程与恶性肿瘤上皮细胞的 EMT 极为相似。由此可见，人体内的各个细胞并非一成不变，在特定的情况下，上皮细胞可以转换为间质细胞，参与疾病的发生发展。

ROS与恶性肿瘤

国际癌症研究报告数据显示，2000年全球新发恶性肿瘤患者1010万，死亡620万，死亡率达61.4%，2018年全球新增1808万，死亡955万，死亡率达52.8%。虽然死亡率呈下降趋势，但是，恶性肿瘤患者的生存率并没有得到较大提高，近二十年的基础研究及科技进步并没有明显改善恶性肿瘤的远期预后。

随着研究的深入，我们会越来越感到绝望，恶性肿瘤几乎是不可治愈的。

恶性肿瘤是一个时间产物，这类疾病具有不可逆转的特性！

恶性肿瘤的所有代谢通路与正常细胞极为相似，没有特异性的通路。

恶性肿瘤细胞不存在特异性的抗原！

ROS是恶性肿瘤的主要致病机制

现在，已经证实的导致恶性肿瘤的危险因素包括吸烟、饮酒、肥胖、糖尿病、运动过少、新鲜蔬菜水果摄入减少等。吸烟、饮酒等危险因素可以直接产生ROS；肥胖、糖尿病等诱发机体产生ROS；适量运动能够提高机体SOD、CAT等酶的抗氧化能力，运动过少增加肥胖、糖尿病的发病率；新鲜蔬菜水果含有大量的抗氧化能力的维生素，摄入减少就会明显降低机体的抗氧化能力。总之，这些危险因素最终导致机体ROS增高。

我国吸烟人群达3亿多人；中国成年男性饮酒比例达84%，其中65%饮酒过量；糖尿病及糖耐量受损人群高达2亿；肥胖人口超过9000万，这些庞大的人群在未来将会明显增加中国恶性肿瘤患者数量，需要进行积极干预。恶性肿瘤中晚期患者的治疗手段有限，预后较差，预防恶性肿瘤尤为关键。

恶性肿瘤的所有危险因素的致癌机制都可以归结为ROS的氧化

作用，ROS 全程参与了恶性肿瘤的发生、发展及转移过程。

1.ROS 直接损伤 DNA 大分子、引发 DNA 突变。大剂量的 ROS 可以直接切断 DNA 双链，导致细胞死亡；少量的 ROS 则会氧化 DNA 的碱基，或者切断单链 DNA，或者氧化组蛋白，ROS 导致 DNA 铰链、错配、移码突变、缺失突变等等，从而激活癌基因或灭活抑癌基因。ROS 损伤基因、诱发突变完全是随机的，这是肿瘤异质性的根本原因。当然，较为活跃的基因损伤概率较高，这些基因失去了组蛋白的保护作用，呈松散的解螺旋状态。ROS 也可以直接损伤细胞内的各种蛋白质，其中包括 DNA 修复酶，明显增加了基因突变的概率。

2.ROS 损害免疫系统的监视作用。ROS 可以损伤免疫细胞膜的脂质，导致细胞膜流动性降低；ROS 可以损伤细胞内的骨架蛋白，影响免疫细胞的细胞膜变形、细胞骨架变形运动，抑制了单核细胞、巨噬细胞吞噬杀伤癌细胞、分泌杀伤性细胞因子等免疫功能。ROS 可以促进转化生长因子（TGF-β）、IL-10 等细胞因子释放，这些细胞因子是较强的免疫抑制因子，可以抑制 Th1 细胞、杀伤性 T 淋巴细胞、自然杀伤细胞、巨噬细胞等免疫细胞的功能。细胞因子也可以抑制肿瘤细胞表面 MHC-I 类分子的表达，使肿瘤细胞丧失对杀伤性 T 淋巴细胞杀伤的敏感性，从而降低机体的抗肿瘤能力。较高水平的 ROS 甚至会引起免疫系统的异常突变，导致淋巴瘤、白血病等血液系统恶性肿瘤，导致免疫系统功能缺陷、崩溃。

3.ROS 可活化多种信号传导通路，增加细胞增殖、运动及新生血管形成，促进肿瘤生长、浸润与远处转移。ROS 可以激活 NF-κB 和活化体蛋白（AP-1）等信号通路。NF-κB 激活后可以增加 c-Jun，c-Fos，c-Myc 及 CREB/ATF-2 等多种细胞因子表达，促进细胞分裂、增殖。ROS 也可以促进黏附因子、内皮素和血管内皮生长因子（VEGF）、TGF-β、基质金属蛋白酶（MMP）及单核细胞化学趋化蛋白（MCP-1）等基因的表达增加，这些细胞因子可以促进新生血管形成，导致肿瘤血管增生，并诱发血管通透性的改变，为恶性肿瘤生长提供营养，也为恶性肿瘤细胞的扩散、转移提供有利的条件。

4.ROS是放疗、化疗产生副作用的主要原因。放疗、化疗等治疗手段可以损伤人体重要器官的功能，会导致胃肠道出血，引起毛发脱落，抑制骨髓造血，损伤肝脏、肾脏功能，诱发心肌细胞坏死，导致心衰等毒副作用，甚至引起肿瘤患者的死亡。这些毒副作用主要是放疗所用的放射线、化疗药物产生的大量ROS所致。临床上常用的 γ 射线，经过加速器或者直接使用 γ 射线用于肿瘤的治疗就是伽马刀治疗技术，γ 射线可以直接将肿瘤细胞DNA单链切断，诱导细胞死亡。但是，γ 射线穿过人体时可以将正常细胞内物质电离，产生自由电子，诱导ROS形成。铂类等化疗药物治疗肿瘤的机制就是产生大量过氧化物以杀死或杀伤肿瘤细胞，这些过氧化物也会损伤正常的组织细胞。正因如此，放疗、化疗带来的毒副作用常常导致患者无法耐受治疗，坚持治疗可能会导致相关器官功能的不可逆损伤而致残，甚至可能加速患者的死亡进程。

肿瘤细胞"来之不易"

恶性肿瘤细胞可以说是我们一手制造出来的，这些恶性肿瘤细胞是由正常细胞突变而来，也是经历了"千挑万选、优胜劣汰"。其实，从恶性肿瘤细胞的发生来看，其生长环境并不友好，甚至可以说非常的恶劣。长期吸烟、大量饮酒以及烧烤、油炸食物带来大量过氧化物具有较强的杀伤细胞的能力，过氧化物也可以诱导细胞凋亡。肥胖、慢性炎症如乙肝、糖尿病等病理状态诱导机体产生较多细胞因子，肿瘤坏死因子、白介素、干扰素等细胞因子可以激活机体免疫系统，杀伤肿瘤细胞。这种环境下，由于心肌细胞、神经细胞没有再生能力，心脏、大脑就会产生功能损伤，甚至衰竭。其他再生能力强的器官短时间内功能不受影响，但过氧化物明显增加基因突变的概率，进而诱发恶性肿瘤的可能性大大增加。

较高浓度的过氧化物可以直接杀死机体细胞，浓度较低的过氧化物会诱发机体细胞基因突变，尤其是细胞更新较为频繁、基底细胞再生活跃的部位，这些突变就可以形成累积效应，经过多次突变最终可形成恶性肿瘤。气管、支气管上皮细胞时刻暴露在空气污染、病毒细菌等微生物潜在感染的环境下。空气污染物中含有过氧化物，微生物感染后机体也会产生过氧化物，这些过氧化物持续性地损伤气管上皮细胞。纤毛柱状上皮细胞基因就可能发生突变，突变基因可以引发细胞逆向分化，或者转分化为鳞状细胞，形成鳞状细胞癌，而黏液上皮细胞可突变形成腺癌。位于基底层的细胞相当于气管上皮的干细胞，这些细胞的分裂、增殖较为活跃，活化的基因更容易遭受过氧化物损伤而发生基因突变。基底细胞形成的恶性肿瘤，多数表现为小细胞肺癌，也可以呈现小细胞与其他形态的恶性肿瘤细胞并存。当然，气管、肺泡及其周围组织内的神经细胞、内分泌细胞、巨噬细胞等免疫细胞也可以发生突变，形成相应的恶性肿瘤，这些类型的肿瘤较为少见。肺癌是发病率最高的恶性肿瘤，这可能就是其中的原因。

人体的心肌细胞、大脑皮质神经细胞为永久细胞，不具有再生能力，基本失去逆分化能力。受到氧化损伤后，这些细胞可能会凋亡，其基因也可以发生基因突变，但基因突变后难以遗传下来，不容易产生突变累积效应。因此，心脏和大脑皮质等部位恶性肿瘤较为罕见。

肿瘤细胞"生存有道"

恶性肿瘤细胞必须具备强大而独特的能力 - 能够耐受缺氧、经受过氧化物的"摧残"、"蒙蔽"免疫监视、逃避免疫细胞的"追捕"、具有分泌并转换细胞因子的功能，这样肿瘤细胞才能存活下来，并有可能进一步发展为肿瘤。

1. 无明显的特异性抗原。肿瘤细胞能够躲避免疫细胞监视的主要原因就在于此，这是所有肿瘤细胞包括良性和恶性肿瘤细胞必须具备的能力。这种能力其实是免疫系统筛选作用的结果，具有特异性免疫源性的突变细胞已经被免疫细胞清除，筛选下来的都是没有特异性抗原的肿瘤细胞，这些肿瘤细胞很难被识别，因而就可以与单核细胞、淋巴细胞等免疫细胞"和平相处"。恶性肿瘤细胞的这种特性决定了早期筛查的难度，肉眼可见或者 CT 等影像所见的结节并非肿瘤早期，这种形态的肿瘤可能已经发生了转移。肿瘤细胞特异性抗原不明显，也让我们寻找恶性肿瘤干细胞的工作常常无功而返。

2. 耐受并利用过氧化物的能力。正常细胞突变为恶性肿瘤细胞需要过氧化物的参与，过氧化物既可以损伤正常细胞，也可以杀伤肿瘤细胞。过氧化物与肿瘤细胞相伴相生。肿瘤细胞想要存活下来，必须能耐受过氧化物，不管过氧化物的浓度多高、持续时间多长，至少肿瘤干细胞能够存活下来。恶性肿瘤细胞还具备充分利用过氧化物的能力，过氧化物能够促进细胞增殖，诱导 MMP 等基质金属蛋白酶表达，以降解细胞外基质，为肿瘤细胞逃离局部"开路"，促进肿瘤细胞向远处转移。

这两项技能是肿瘤细胞生存所需，肿瘤细胞持续生长、局部浸润和向远处转移还需要其他能力。

3. 诱导血管产生的能力。肿瘤细胞增大到直径约 1mm 大小时就会停止生长，肿瘤中间部分的细胞因缺少营养供给、缺少氧气而发生坏死。肿瘤细胞继续增长就必须具有内分泌和自分泌功能，以促进肿瘤新生血管形成。这些新生血管既可以为肿瘤生长提供营养、氧气，又为肿瘤细胞向远处转移提供便利。肿瘤新生血管产生和增长速度往往落后于肿瘤生长，肿瘤内部不断出血、坏死，引发机体贫血、发烧、厌食。肿瘤的快速生长需要消耗大量的营养物质，机体出现消瘦、乏力等恶液质表现，恶性肿瘤最终与所在机体同归于尽。

肿瘤新生血管与机体正常部位的血管并无明显差异，这是以新生肿瘤血管关键通路为靶点的靶向药物疗效差、瘘管发生率高的原因所在。

4. 利用不利因素的能力。这种能力也可以理解为肿瘤细胞利用肿瘤微环境各种不利因素的能力，将不利因素转化为有利因素。

恶性肿瘤细胞微环境非常恶劣，低氧、高过氧化物、营养物质匮乏、免疫细胞环伺、高细胞因子，但是恶性肿瘤细胞却能够将劣势转化为促进细胞生长的优势。

低氧能够诱导肿瘤细胞表达 HIF-α，这个细胞因子可以促进 VEGF 合成，诱导肿瘤新生血管生成，促进肿瘤生长和经血管远处转移。

恶性肿瘤细胞利用高浓度过氧化物诱导 MMP 表达，以降解细胞外基质，增加肿瘤细胞局部浸润和向远处转移。

过氧化物促进免疫细胞分泌细胞因子，肿瘤细胞能够充分利用细胞因子。在肿瘤的早期，免疫细胞分泌的 TNF-α 可以发挥抑制肿瘤生长的作用。但是，在肿瘤的发展时期，在其他细胞因子的协同作用下，TNF-α 能够促进肿瘤细胞上皮 - 间皮转化。肿瘤细胞发生上皮 - 间皮转化后就失去了黏附能力，转移与运动能力得到进一步增强，明显增加了肿瘤细胞局部浸润与远处转移。

尽管机体正常细胞与恶性肿瘤细胞"同宗同源"，但正常细胞并不具备这些能力，在与恶性肿瘤细胞的竞争中无任何优势可言。

肿瘤细胞能力决定了病情

每位肿瘤患者体内肿瘤细胞的能力差异非常大，导致临床表现差异明显。多数恶性肿瘤患者一旦确诊，病情进展较快，局部浸润破坏、淋巴结转移、远处器官转移，这些恶性细胞具有较强的以上四种能力。

少数患者病情进展较为缓慢，手术切除后病理也未发现局部浸润，这部分患者恶性细胞利用不良因素的能力较弱。

而极少数患者发现恶性肿瘤后，即使没有手术、放疗、化疗也可以长期带瘤存活，不会发生肿瘤转移，这些患者恶性肿瘤细胞诱导新生血管产生和利用不良因素的能力较弱。

恶性肿瘤无法治愈

一旦长期的不良嗜好导致机体产生恶性肿瘤，就可能打开了一个潘多拉魔盒，我们并不清楚这些恶性肿瘤细胞到底发生了哪些改变，激活或者抑制了哪些细胞信号通路，如何利用细胞因子、利用哪些细胞因子，这些事件完全是随机的。由于无法进行活体研究，我们也就无法搞清楚其中的发病机制。即使能够掌握其中的秘密，我们很可能也无能为力，这些细胞信号通路也是正常细胞生存代谢所必备的，不能完全抑制。

　　鉴于恶性肿瘤的危害性，我们后面还会详细介绍恶性肿瘤的发病机制、研究进展和其治疗的局限。

　　因此，为预防恶性肿瘤，我们需要戒掉一切不良习惯、努力减少ROS，同时积极摄入新鲜蔬菜、水果增加机体的抗氧化能力。

　　冠心病、脑卒中、糖尿病、恶性肿瘤、肺动脉高压等疾病都是慢性疾病，也就是过氧化物经过长时间的累积、破坏，最终才会导致相关器官功能受损，出现相关的临床疾病，这个过程是不可逆的，"病来如山倒，病去如抽丝"。脑中风等慢性疾病甚至连抽丝的机会都没有，病人出现瘫痪后，其瘫痪肢体不可能恢复正常，这种残疾状态将伴随终生，除非大脑的梗死面积非常小，梗死的部位较不重要。过氧化物的慢性致病作用只能预防，任何药物都不具备时间倒转的功能，也没有"药到病除"的疗效。

ROS与急性炎症

在急性疾病中，过氧化物同样发挥重要作用，重度炎症、脓毒血症等疾病就与机体感染后产生大量过氧化物，过氧化物刺激免疫细胞、损伤组织器官，机体免疫反应强烈并产生过多细胞因子有关。

ROS 与重度炎症

流行病学调查显示，全球每年约 3150 万例脓毒血症和 1940 万例严重脓毒血症患者，每年因重症炎症死亡的人数约 530 万。

致病微生物严重威胁人类生命健康

人类的生存史就是与病毒、细菌、结核菌等致病微生物不断斗争的历史，鼠疫（黑死病）、天花、结核等都引起了疾病的流行，尤其是鼠疫，直接导致欧洲"黑暗中世纪"，多达几千万人口因感染鼠疫杆菌而死亡，伦敦、巴黎等城市因"黑死病"而成为"人间地狱"！中国历史上引发瘟疫大流行的也多数是这类传染病，中医统称为"伤寒杂病"，其实"伤寒"并非特指伤寒杆菌诱发的疾病，而是泛指能诱发呼吸道感染的流感病毒、结核、肺炎链球菌、肺鼠疫等疾病。近百年来，随着卫生知识的普及、疫苗接种和居住环境的改善，这些烈性传染病已经得到有效控制，尤其是细菌感染所致的疾病。

对付传染病我们通常采取三种策略，清除传染源、切断传播途径和保护易感人群。抗生素就是专门针对细菌的，能够抑制或杀死致病菌。细菌、真菌等致病菌可以感染人体，但它们不会侵入人体细胞内，而且细菌与人体细胞结构差异较大，研制抗生素就相对容易。病毒则不同，病毒需要依靠人体细胞的 DNA 模板及各种酶来复制基因，病毒的增殖、复制、分裂都是在人体细胞内进行。这样就明显加大了针对病毒的药物研发的难度。抗病毒的药物需要进入细胞内发挥作用，药物特异性地针对病毒，不影响人体细胞。隔离患病人群、封锁感染区域就可以切断传播途径，但这种措施的代价非常大，城市的交通、物流、就医、商业经营等都要停止，严重影响居民的生活，导致经济萎缩。现代物流、高铁的普及和航空业的扩张都明显加速了疾病的传播速度，增加控制疾病的难度。尽快研制并接种疫苗、戴口罩、勤洗手、勤通风等措施就是保护易感人群。

近几十年，病毒感染的占比越来越大。病毒突变频繁，致病力及感染性随之变化，并且缺乏有效的预防、治疗手段，引起病毒疾病的流行与传播。无论病毒还是细菌都可以引起重症炎症，最为常见的是肺炎，导致呼吸衰竭、多器官功能衰竭（MODS），甚至死亡。

由于抗生素的发明，细菌感染的风险减小，感染病毒等其他微生物的风险变大。病毒的分类较多，而且变异较快，现在还没有有效的针对病毒的药物。病毒生长、增殖离不开人体，我们在幼儿时期积极接种疫苗，长大以后不再感染这些病毒。如果病毒较为稳定，疫苗接种后人体就可以对病毒长期保持免疫，不再感染。经过几代人的努力，世界卫生组织分别于 1979 年和 1994 年宣布天花、脊髓灰质炎等疾病已经被彻底"消灭"。现在，引发这些疾病的病毒只能在实验室里才能找到。

然而，某些病毒如流感、新冠、SARS 等属于 RNA 病毒，不同于双链互补的、较为稳定的 DNA 病毒，其基因组为单链，插入或者丢失某个或某几个核苷酸一般不会影响 RNA 病毒的生存。经过几代累积———一年、半年甚至更短时间内，RNA 病毒的遗传性状就会发生变异。疫苗研制速度远远跟不上病毒变异的速度，疫苗研制出来后，必须进行一期、二期、三期临床试验，以观察疗效与毒副作用。这个时间短则 3~5 年，长则 10 年以上。另外，病毒的分型非常多，同一种病毒存在较多的亚型，各个亚型之间的差别较小，病毒表面的特异抗原甚至不足以区分新旧病毒，这就导致研制新型疫苗非常困难。仅仅流感病毒就可以分为禽流感、猪流感、甲型流感、乙型流感等，甲流还分为 H1N1、H1N9 等亚型，人类同样可以感染禽流感、猪流感。如果每一次流感爆发，我们都要研制相应的疫苗，那么疫苗的研制就非常被动，费用也较为昂贵。即便疫苗研制成功了，这种疫苗针对的病毒可能已经变异为新的病毒，注射这种疫苗可能无效或疗效有限。因此，疫苗并不能解决所有的问题。

机体的免疫系统需要正常运行，不能亢进也不能减低，免疫亢进就会出现高细胞因子血症或者诱发自身免疫性疾病；免疫功能低下导致机体对于病毒不能产生相应的反应，成为病毒携带者，形成慢性炎症。中医在针对感染时采取的"扶正祛邪"的策略，这个"正"就是"正常"的意思，以药物、针灸、刮痧等方法维持机体的正常免疫反应，对于感染既要反应，又不能增强或放大机体的免疫反应。这个"邪"就是"不正常"之意，即免疫反应过度或者没有免疫反应。

病毒感染的最终痊愈，并不是抗病毒药物的疗效，而是人体产生了相应的抗体，将病毒感染的细胞清除。以流感为例，流感病毒感染后患者出现干咳、关节疼痛、发热、头痛等症状，经过一段时间的对症治疗，多数患者可痊愈。2022 年底的病毒感染救治经验也证实了这些，解热、激素、抗生素、止咳平喘及病毒唑等抗病毒治疗基本上无效，不能阻断病情进展，尤其对于肺炎患者。早期服用抑制病毒复制的药物或者肺炎期间使用免疫球蛋白具有一定的疗效。

因抗体持续时间短以及病毒变异，这些患者以后还会再次感染流感。仅极少数流感患者进展为重症肺炎，导致死亡，这部分重症患者约占 1%。重症肺炎患者的发病机制是免疫反应亢进的结果，免疫细胞激活后分泌过多的细胞因子，并产生大量的过氧化物。

重症炎症与 ROS 密切相关

临床研究证实，高细胞因子血症和 ROS 参与了重症炎症的病理生理过程，ROS 与重症炎症所致的多器官功能障碍的发生和发展密切相关，ROS 可能还早于高细胞因子血症，高细胞因子与 ROS 相互促进、互为因果，形成正反馈、恶性循环。

巨噬细胞及单核细胞等固有免疫细胞通过吞噬作用将微生物吞入细胞内，过氧化物酶体、线粒体等细胞器产生次氯酸、H_2O_2 等过氧化物，以杀灭病原微生物。这些过氧化物也会对免疫细胞产生影响，促进淋巴细胞成熟，刺激淋巴细胞、单核细胞及中性粒细胞分泌炎症因子，促进免疫细胞产生更多过氧化物。过氧化物可以引起局部肿胀、疼痛。ROS 也可以激活 NF-κB，促进细胞因子的表达，参与高细胞因子血症。

另外，这些细胞因子也可以刺激血管内皮细胞，产生大量过氧化物，参与炎症反应。过氧化物既能杀死微生物，也能杀伤免疫细胞，导致淋巴细胞、中性粒细胞等死亡，形成白色脓液。

病毒或细菌等病原微生物感染机体后，通过 Toll 样受体引起下游传导信号的级联效应，促进 NF-κB 进入细胞核，增加炎症因子的表达，产生红、肿、热、痛的炎症反应，同时动员巨噬细胞、单核细胞、中性粒细胞等固有免疫细胞聚集，增加细胞因子的释放，形成正反馈，最终导致细胞因子分泌过度，出现高细胞因子血症。

重症肺炎的病理改变

大量细胞因子作用于机体细胞，先后出现或者混杂出现渗出性、增生性及纤维化病变，肺部病变较为典型。双肺肺泡弥漫性病变，肺泡腔内大量蛋白性液体渗出，形成透明膜。这些透明膜与塑料薄膜类似，氧气、CO_2 等气体分子难以通过，肺泡内的空气与肺泡壁上的毛细血管无法进行气体交换。肺泡上皮细胞增生、脱屑，形成巨细胞，与巨噬细胞等炎症细胞混合，充满肺泡腔，这是增生性表现。肺泡间质内可见肌纤维母细胞和毛细血管增生，胶原纤维沉积，肺泡内逐渐纤维化，加上透明膜和纤维蛋白渗出，这部分纤维化的肺泡就完全失去了气体交换的功能，患者就会出现呼吸困难、发绀表现，最终导致死亡，也就是这部分患者是被自己的肺活活憋死的。这种重症肺炎的表现可以见于 SARS、流感病毒感染、细菌感染等。

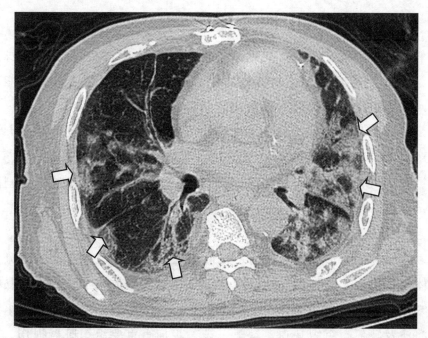

病毒感染诱发的重症肺炎，可见肺组织渗出明显，CT影像呈白色，炎症较重（白色箭头所指）

重症肺炎预后不佳

现在针对重症肺炎的治疗手段包括吸氧、呼吸机支持、抗病毒、抗菌、激素治疗等，终末期患者甚至需要 ECMO（人工膜肺）支持治疗。如果肺泡内已经形成透明膜或肺泡纤维化，那么，吸氧、呼吸机等处理措施的作用就非常有限，输送到肺泡内的氧气无法通过肺泡的毛细血管进入血液。抗病毒或者抗菌治疗并不能改善肺泡的病变。激素治疗确实可以有效地缓解临床症状，减轻炎症、减少蛋白性液体渗出即透明膜产生、减少细胞因子生成，但过量的激素也会引发感染扩散、股骨头坏死等不良反应。

人工膜肺（ECMO）可以替代肺脏进行气体交换，有利于肺脏、心脏功能的恢复。但是，人工膜肺存在较多的问题，治疗费用高，自付比例较高，多数家庭无力承担；人工膜肺的管路较粗，会引发下肢动脉狭窄、闭塞等血管并发症；人工膜肺也无法解决肺泡渗出、增生及纤维化的病变，导致心肺功能难以改善，无法脱机。

重症炎症的全身反应

除了肺部病变外，高细胞因子血症和大量ROS还会引发全身病变。ROS能够直接氧化机体蛋白质、攻击生物膜系统、氧化功能基因，改变细胞遗传信息，导致细胞代谢和功能紊乱。

ROS氧化心磷脂，促进细胞色素C释放，增加细胞凋亡。大量ROS可以直接损伤血管内皮细胞及血管基底膜，血管通透性增加、血管扩张，大量血液聚集在微循环毛细血管引起全身血管阻力急剧降低，血压下降。

ROS损伤血管内皮，促进ICAM、促凝血组织因子、VEGF等表达，增加血管通透性，血管内皮抗凝表型转化成促凝表型，黏附分子受体表达增多，白细胞黏附、聚集，炎症介质释放增加，血小板黏附并激活，导致凝血功能紊乱，局部血栓形成，堵塞微循环，引起组织低灌注及缺氧，组织缺血、缺氧，进一步加重重要组织脏器损伤，最终导致多脏器功能衰竭而死亡。

过氧化物刺激组织细胞产生大量的炎症因子，这些炎症因子也可以促进免疫细胞、血管内皮细胞产生过氧化物，两者相互促进、协同致病。过氧化物可以直接激活 PI3K/Akt/NF-κB、JNK 和 PKC/ERK 通路，促进 ICAM、促凝血组织因子、内皮素、白介素、VEGF、TGF-β 等细胞因子的表达，这些细胞因子参与血栓形成、血管收缩、炎性细胞聚集、新生血管形成、细胞凋亡等病理生理过程。白介素等炎症因子可激活机体免疫系统，增加 ROS 释放，加重机体重要器官的病变。

抗氧化治疗可以明显减少炎症反应

在病毒感染的早期，积极进行抗氧化治疗，以维持中性粒细胞、巨噬细胞等固有免疫细胞的功能。抗氧化药物可以中和过氧化物，减少T淋巴细胞、B淋巴细胞的活化，降低适应性免疫强度。抗氧化药物能够抑制免疫细胞合成及释放细胞因子，从而切断 ROS 诱发的恶性循环：ROS 激活免疫细胞，活化的免疫细胞分泌细胞因子，细胞因子促进细胞产生更多的 ROS，以避免感染进展到重症肺炎。

对于已经进入重症肺炎的患者，同样采取抗氧化、抑制免疫细胞过度激活的方法，也可以减轻患者的症状，帮助患者顺利度过危险期。等到机体免疫系统产生抗体，就可以将病毒清除，机体就会慢慢康复。在应对重症肺炎时，人们发现中成药安宫牛黄丸具有较好的疗效。

抗氧化药物的作用并非杀灭或抑制病原微生物，而是减轻炎症反应烈度，阻断恶性循环，为机体争取时间 - 机体中和及清除过氧化物需要一个过程，免疫系统清除病原微生物以及产生特异性抗体需要时间。这种治疗理念与恶性肿瘤的 CAR-T 治疗方法完全相反，后者的治疗方法是在体外将患者的免疫细胞与肿瘤细胞共同培养，免疫细胞致敏后再大量扩增，然后回输患者体内——且不说肿瘤细胞是否存在特异性抗原。这种治疗方法的副作用与重症肺炎机制极为相似——免疫细胞激活后产生大量细胞因子伴随高浓度的过氧化物，临床表现也极为相似：高热、寒战、贫血、恶心、呕吐、皮疹、呼吸困难及多个脏器衰竭——心脏、骨髓、肾脏、肝脏、肺脏等，结局也类似——约40% 的死亡率。临床上，心外科手术死亡率约 1%，而心内科介入手术的死亡率仅 0.1%！这种死亡率高达 40% 的治疗方法终将面临被淘汰的命运。

因此，减少机体的炎症、预防机体过氧化，在感染的早期尽早应用抗氧化药物，减少 ROS，阻断 ROS 和细胞因子之间的正反馈过程，维持机体正常免疫细胞功能、保持适度免疫反应，保护血管内皮细胞、免疫细胞及其他脏器细胞，就能够真正做到预防和治疗重症炎症及多脏器衰竭，改善重症炎症、脓毒血症患者的预后。

ROS与自身免疫性疾病

免疫系统的基本组成

免疫系统较为复杂，主要由固有免疫和适应性免疫组成。固有免疫较为原始，由中性粒细胞、单核细胞、巨噬细胞等吞噬细胞组成。这些细胞发挥吞噬作用，将入侵机体的病毒、细菌吞入细胞内，然后利用细胞内产生的 ROS 将其清除，这种免疫方式也可以见于较为低等的原虫等生物。

在漫长的进化过程中，人类等高级动物发展出了适应性免疫，以应对各种各样的病毒、细菌或者寄生虫。适应性免疫系统主要包括免疫递呈细胞和免疫效应细胞，前者包括巨噬细胞及滤泡细胞，这些细胞将微生物吞噬，再将其消化，然后将其细胞膜或者细胞壁的抗原进行加工，最后将加工好的抗原片段暴露在细胞膜上，并与淋巴细胞接触，引发后者的免疫反应。

免疫效应细胞主要分为 T 淋巴细胞和 B 淋巴细胞，T 淋巴细胞负责调控 B 淋巴细胞，包括激活 B 细胞，促进其增殖、分化及抗原类别转换等。T 细胞也具有杀伤功能，CD8+T 细胞可以形成"穿孔素"，直接释放到细菌细胞壁表面，形成孔洞，引导细胞外水分进入细菌内，导致细菌胀裂而死。B 淋巴细胞在 T 淋巴细胞的辅助下分化成熟，分泌抗体，与特异性的抗原结合，杀伤杀死相关的微生物。

T 淋巴细胞在适应性免疫反应中较为重要，起到核心的调节作用。因而，机体需要对 T 细胞进行精细挑选。T 淋巴细胞最少需要两次选择，阳性选择和阴性选择，将大部分 T 淋巴细胞清除。阳性选择是清除无法识别人类主要组织相容性抗原（MHC）的 T 细胞，MHC 是所有人体细胞都表达的抗原，也是人类区别于其他物种的较为特异的抗原，如果新生的 T 细胞不能识别这些抗原，这样的细胞将被清除。阴性选择就是将与 MHC 抗原呈高度结合的 T 细胞清除，如果新生 T 细胞与自身细胞高度结合，只能识别"自己人"，这些细胞成熟后与人体细胞抗原结合过于紧密，将会大大增加自身免疫性疾病的机会。经过这两次选择，免疫系统就可以既对微生物感染反应适当，又保证这种反应不会过于剧烈。

但是，淋巴细胞的这两次选择仅仅限于 MHC，MHC 是位于细胞膜表面的抗原，而细胞浆内、细胞核内的大分子物质如蛋白酶、核糖体、双链 DNA、组蛋白、着丝粒等等根本没有机会与淋巴细胞接触，这就为自身免疫性疾病的发生埋下了伏笔。

我们通过临床常用的自身抗体检测项目就可看出一些端倪。自身抗体主要有两个来源：细胞浆和细胞核，几乎没有来自细胞膜的。来源于细胞浆的自身抗体有抗胰岛素抗体（ICB）、抗中性粒细胞胞浆抗体（ANCA）、抗髓过氧化物抗体（MPO）、抗蛋白酶 3 抗体（PR3）等等，来源于细胞核的相关自身抗体有抗组蛋白抗体、抗核抗体（ANA）、抗增殖细胞核抗原抗体（PCNA）、抗双链 DNA 抗体、抗核内可溶性抗原抗体（ENA），其中 ENA 包括 10 余种抗体，抗核糖核蛋白抗体（RNP）、抗酸性核蛋白抗体（Sm）、抗 Sa 抗体（SSA）、SSB、Jo-1 抗体、Ro-52、Scl-70。随着我们对于自身免疫性疾病认识的加深，更多的自身抗体将会被发现，自身免疫性疾病的诊断更为困难。

自身抗体特异性较差，导致临床诊断的困惑。抗双链 DNA 阳性除了见于系统性红斑狼疮外，也可见于药物性狼疮、混合性结缔组织病、皮肌炎、肌炎、干燥综合征、系统性硬化、类风湿性关节炎、慢性活动性肝炎、细菌或者病毒感染等，甚至某些老年患者也可以出现这个抗体的阳性。抗 SSA 抗体阳性往往见于干燥综合征、系统性红斑狼疮、类风湿性关节炎等，也可见于新生儿狼疮、血管炎等。自身免疫性疾病的诊断往往需要更多的其他证据的支持，系统性红斑狼疮患者可能存在 11 项指标异常，满足 4 项或 4 项以上，而且需要排除感染、肿瘤和其他结缔组织疾病，才能诊断为系统性红斑狼疮。我们看一下这 11 项指标，其实并不特异：①. 颊部红斑；②. 盘状红斑；

③.光敏感；④.溃疡；⑤.关节炎；⑥.浆膜炎；⑦.肾脏病变；⑧.神经病变；⑨.血液系统疾病；⑩.免疫学异常；⑪.抗核抗体阳性。这些指标可见于皮肌炎、光敏性皮炎、干燥综合征、白塞氏病、类风湿性关节炎等疾病。

这些疾病尽管临床表现千差万别，其实发病机制类似，都是自身免疫疾病，只是累及的靶器官不同。同一种疾病，因病情不一，受累的器官也会不同，临床表现各异。因此，自身免疫性疾病的诊断较为困难，多种疾病之间存在症状雷同、抗体阳性交叉。

复杂的 T 淋巴细胞系统

实际上，免疫系统对于入侵微生物的反应非常复杂。T 淋巴细胞由骨髓产生，呈幼稚状态，运送到胸腺后才成熟，成熟的细胞分散到淋巴结发挥相应的作用。T 淋巴细胞粗略分为两大类，CD4+ 和 CD8+ 细胞。CD8+T 细胞是一种效应细胞，能够杀死细菌。

CD4+ 淋巴细胞功能复杂，在不同细胞因子及不同环境下分化为 Th1（1 型辅助性 T 淋巴细胞）、Th2、Th17、Treg（调节性 T 淋巴细胞）、Tfh（滤泡辅助性 T 淋巴细胞）及 NKT（自然杀伤 T 淋巴细胞）等细胞。Th17、Treg、Tfh 等细胞是近几年才发现的，其功能与经典的 Th1、Th2 细胞并不相同。可以预见，我们将来还会发现更多的 T 淋巴细胞亚型。这些亚型的分类主要根据细胞表面的抗原及功能，一般而言，Th1 细胞参与细胞免疫，负责防御细胞内微生物感染；Th2 细胞刺激 B 淋巴细胞增殖、分泌抗体，调控体液免疫，主要防御肠虫与蠕虫感染；Th17 则负责清除细胞外细菌、真菌。Treg 与 Th17 细胞作用相反，Treg 可以明显降低 T 淋巴细胞对 B 淋巴细胞的增殖、分化作用，以减少免疫过度反应。

有意思的是，Th17 和 Treg 细胞可以相互转换，T 淋巴细胞发育取决于局部的微环境，炎症为主的环境促进 Th17 细胞生成。其中，TNF-α、TGF-β、γ-INF、IL-4、IL-5、IL-6 等细胞因子对于这两种细胞表型和功能的转换起到重要作用。

B 淋巴细胞系统也较为复杂

B 淋巴细胞除了发育为浆细胞外，还有部分细胞分化为记忆 B 淋巴细胞、长寿命浆细胞和调节性 B 淋巴细胞（Breg），Breg 细胞也是近十年才发现的，Breg 细胞可以通过两种方式影响适应性免疫：①.分泌 IL-10 因子，抑制炎症反应；②.细胞间接触方式抑制免疫反应，Breg 细胞通过细胞表面的 CD40/CD40L 与效应 T 淋巴细胞接触，诱导后者凋亡。Breg 细胞也可以与 Treg 细胞和抑制性 NKT 细胞相互作用，抑制免疫反应。B 淋巴细胞也参与固有免疫反应，B1a 亚群细胞表面表达 TLR（T 淋巴细胞表面受体）对固有免疫进行调节。

这些免疫细胞之间可以相互作用，B 淋巴细胞也是高效的抗原递呈细胞，可以将自身抗原递呈给 T 淋巴细胞；B 淋巴细胞通过分泌 TNF、INF-α、IL-1 等细胞因子调节巨噬细胞等固有免疫细胞。Th17 与 Treg 细胞失衡、记忆 B 淋巴细胞激活、Breg 细胞功能失调及长寿命浆细胞的维持将诱发机体免疫系统紊乱，均可产生大量抗体，导致自身免疫性疾病的发生。

由此可见，免疫系统组成非常复杂，免疫系统对于入侵机体的微生物反应非常复杂，目前我们只能大体地了解各种免疫细胞的基本功能，实际上这些免疫细胞的功能并不是固定的，功能和身份可以随着周围微环境的改变而互换，各种免疫细胞之间的相互作用异常复杂，我们还没有完全研究清楚。

自身免疫性疾病临床表现复杂

自身免疫性疾病累及器官较多，临床表现复杂，是最为常见的疑难杂症。这类疾病包括心肌炎、心肌淀粉样变、皮肌炎、多发性动脉炎、系统性硬化、自身免疫性肝炎、类风湿性关节炎、强直性脊柱炎、特发性血小板减少性紫癜、溃疡性结肠炎、肾小球肾炎、肾病、干燥综合征、干眼病、白癜风、牛皮癣等疾病，累及心脏、血管、关节、骨髓、消化道、肾脏、唾液腺、泪腺及皮肤等器官，我们对于这些免疫性疾病的发病机制并不十分清楚。上呼吸道感染常常是这些自身免疫性疾病的诱发因素，感染时产生 ROS 可能是自身免疫性疾病的始动因素。

固有免疫不易诱发自身免疫性疾病

上呼吸道感染后，病原微生物诱导机体的中性粒细胞、NK 细胞、巨噬细胞等自然杀伤细胞通过趋化作用到达感染部位，通过两种方式杀灭致病细菌或病毒：吞噬；分泌过氧化氢、次氯酸等 ROS。过氧化氢等可以杀伤病原微生物，同时 ROS 也可以伤害机体局部的正常细胞及自然杀伤细胞。坏死的中性粒细胞即白细胞形成脓液，这也是中性粒细胞等自然杀伤细胞寿命较短的原因。如果感染较轻或者微生物的毒性较轻，这些自然杀伤细胞就可以解决问题。这些免疫细胞将病原微生物清除，同时伴随局部红肿、疼痛，几天后症状逐渐消失。在这个过程中，机体没有启动获得性免疫反应，或者仅仅出现较轻的免疫反应，并未对机体的其他器官造成多大影响。

固有免疫广泛存在于高等和低等生物中，没有特异性，效率较低。

适应性免疫反应引发自身免疫性疾病

如果感染较重、病毒或细菌毒性较强，自然杀伤细胞难以控制病情，机体就会启动获得性免疫反应，并引起全身症状：全身乏力、关节酸痛、体温增高等表现，同时 B 淋巴细胞产生抗体，与病原微生物结合，清除微生物；T 淋巴细胞被激活，产生穿孔素，杀灭被感染的细胞。在这个过程中，B 淋巴细胞就有可能产生自身抗体，攻击自身的组织细胞，造成相应器官的损伤。

适应性免疫多见于高等生物，系统组成复杂，产生的抗体针对性强、疗效持久、作用范围较大。但是，适应性免疫反应可以导致自身免疫性疾病。

ROS 参与了自身免疫性疾病

上呼吸道感染导致自身免疫性疾病的机制并不清楚，以下的几种机制仅限于我们的推测，仅供感兴趣的研究者参考。

1.病毒或细菌等微生物表面存在特异抗原，这些抗原与人体某些部位细胞表面抗原相似，巨噬细胞或滤泡细胞吞噬细菌后加工这些抗原并递呈，B 淋巴细胞产生的抗体既可以与感染的微生物结合，以清除这些微生物，也可以与自身细胞结合，破坏这些组织器官，导致自身免疫性疾病。病毒性心肌炎多数有感冒病史，心肌炎的症状往往在感冒后 2 周左右出现，这常常是抗体产生的高峰时间。但是，部分患者病毒或者病毒抗体检测呈阴性，提示心肌炎发病还存在其他机制。

2.人体细胞表面抗原被 ROS 氧化，可能是导致自身免疫性疾病的另一种机制。ROS 越多、浓度越高，细胞表面抗原被氧化的概率越高，氧化的部位越多，产生新抗原的概率越高。蛋白质、多糖、糖脂等生物大分子表面的活泼基团被氧化后，其分子结构可能因交联、断裂而形成新的分子，也可能导致这些分子的空间结构发生变化，这些改变就会产生新的抗原。理论上，生物大分子的一个分子结构改变其抗原性质就可以变化，ROS 氧化葡萄糖残基、酪氨酸、丝氨酸等氨基酸残基而改变所在蛋白质的抗原性质。而新抗原只有部分结构发生变化，多数结构与原抗原相似。生物大分子的抗原性与氨基酸序列相关，但主要与其空间结构有关。这种新抗原具备三个特性：①.足以刺激机体免疫细胞产生相应的抗体；②.这种新抗原与原生物大分子极为相似，其抗体能够与这些相似结构的组织细胞结合；③.刺激免疫细胞产生的抗体足够多。抗原抗体结合后诱发细胞坏死或者凋亡，形成自身免疫性疾病。

3.ROS 可以破坏细胞、线粒体的正常结构，导致细胞结构破坏，细胞内的蛋白质、核酸、多糖等生物大分子被释放出来，可以导致自身免疫疾病。感染较重时，机体除了产生大量过氧化物以清除入侵微生物外，中性粒细胞还会发生胞外诱捕网（NETs）反应：细胞核膜破裂，DNA 解旋，组蛋白、弹性蛋白酶、髓过氧化物酶等物质附着在网状的 DNA 上，组成一个细胞外陷阱，这个网袋被抛到细胞外，就可以将部分细菌等微生物捕获并清除。同时，细胞膜破裂、细胞浆外溢，胞浆内的大分子物质和细胞器就有机会与淋巴细胞等免疫细胞接触，触发产生自身免疫抗体。中性粒细胞为了清除微生物真的是"视死如归"，细胞最重要的物质——染色体都拿出来用了！这种"同归于尽"的做法尽管悲壮，但也直接暴露了深藏细胞核的双链DNA、组蛋白、DNA复制酶、修复酶等生物大分子物质。正常情况下，T淋巴细胞无法接触细胞浆及细胞核内的物质，也就无法形成免疫耐受。这些物质可以直接引发自身抗体的产生，导致自身免疫性疾病。

红斑狼疮发病机制之一就是坏死细胞清除降低，大量自身免疫抗原细胞成分暴露在细胞表面，引发机体免疫应答，产生自身免疫抗体，其血清中抗核抗体、抗双链DNA、抗组蛋白、抗心磷脂和抗髓鞘碱性蛋白抗体等呈现阳性。体内产生的垃圾需要及时清除，否则容易引发机体自身免疫反应。大量过氧化物可以短时间内引发感染部位大量细胞坏死，超过机体的清除能力。大量过氧化物可以抑制具有清除能力的组织细胞、巨噬细胞、单核细胞、肝脏内的枯弗氏细胞等细胞，机体清除能力下降，诱发红斑狼疮。

尽管结局相似，细胞凋亡和细胞坏死还是不尽相同。我们多数人每年都会有过几次感冒，但是感冒诱发的爆发性心肌炎、肾炎、肝炎非常少见。人体感冒后，机体启动的免疫反应会导致少量细胞发生凋亡，这是过氧化物作用的结果。细胞凋亡后，其细胞浆萎缩细胞核浓缩、溶解，最后整个细胞被单核或巨噬细胞吞噬。细胞内的生物大分子、DNA、细胞器等并没有被释放到组织间隙或者血液中，也就难以引发自身免疫性疾病。细胞凋亡可以说是一个受控的、逐步的、主动地将失能细胞处理掉的过程。当然，大量细胞凋亡，机体清道夫细胞无法及时将死亡细胞清除，也可以诱发自身免疫性疾病。

细胞坏死则较为惨烈：胞浆破裂，细胞浆内核糖体、高尔基体、线粒体等细胞器溢出，内质网新加工成熟或半成熟的蛋白质脱落，线粒体破裂释放mtDNA及线粒体内的特殊蛋白质，细胞核膜溶解，染色体分解，组蛋白从染色体上脱落，双链DNA直接暴露出来，着丝粒、端粒等结构也会裸露。中性粒细胞甚至会发生"诱捕网"反应，以

DNA 为网、组蛋白为钮，主动出击，试图将细菌等致病微生物"一网打尽"。这些细胞内的大分子物质平时隐藏在细胞核内，机体免疫细胞不能接触，无法形成免疫耐受，一旦暴露于免疫细胞周围，就有可能引发红斑狼疮等自身免疫性疾病。

心磷脂隐藏于线粒体内膜，位置较深，不可能与免疫细胞接触，尽管其分子量并不大，一旦暴露心磷脂也可以引起免疫反应。另外，心磷脂是细胞发生凋亡的始动因子，心磷脂暴露或者从线粒体脱落就意味着细胞即将启动凋亡，走向死亡。正常情况下，凋亡细胞将很快被清理掉，心磷脂没有与免疫细胞接触的机会，不会产生免疫反应。凋亡细胞过多，无法及时清除，心磷脂暴露促进免疫反应，诱发红斑狼疮。

4.ROS 可以直接激活免疫细胞。过氧化物参与免疫反应，较低浓度的 ROS 刺激免疫细胞增殖、活化，较高浓度的 ROS 诱发细胞凋亡。树突状细胞是体内最有效的抗原递呈细胞，促进初始 T 淋巴细胞活化，并启动抗原特异性免疫应答。ROS 能够诱导树突状细胞表型及功能成熟。作为第三信号分子，ROS 能够促进 T 淋巴细胞活化，参与适应性细胞免疫应答；ROS 也可以促进免疫突触脂筏形成，促进 T 淋巴细胞内信号激酶进入脂筏。ROS 可以直接作用于 B 淋巴细胞内的相关激酶，直接激活 B 淋巴细胞，产生抗体、参与体液免疫反应。免疫细胞产生的 ROS 可以招募免疫细胞，免疫细胞及周围细胞产生细胞因子可以促进这些细胞产生更多的 ROS，形成正循环。

ROS 也能够促进淋巴细胞凋亡，以维持机体内环境稳定。ROS 可以激活 NF-κB/Fas 途径诱导淋巴细胞凋亡；也可以通过抑制 Bcl-2 途径，促进淋巴细胞发生饥饿性凋亡或线粒体凋亡。可见，ROS 导致免疫性疾病的机制异常复杂，较低浓度的 ROS 可以促进免疫反应，较高浓度的 ROS 快速触发淋巴细胞凋亡；适当浓度的 ROS 又能够一定程度地抑制免疫。究竟什么样浓度的 ROS 可以诱发自身免疫性疾病，还需要进一步深入研究。

自身免疫性疾病的临床表现千差万别

过氧化物氧化细胞表面、胞浆或组蛋白、心磷脂等物质是随机的，机体能否产生相应的抗体也是完全随机的。上呼吸道感染的人群那么大，自身免疫性疾病的发病率却没有那么高，这说明多数人上呼吸道感染后其细胞表面的生物大分子没有被氧化或氧化的数量较少，或者被氧化的部位并没有那么重要，无法产生自身抗体；另外，多数人并未出现大量的细胞坏死等情况，机体也可以及时清除少量的坏死细胞。氧化的随机性取决于患者当时的状态。感染的细菌、病毒或其他微生物的种类、数量及其变异程度、机体免疫系统的反应、机体的营养情况、是否存在吸烟、饮酒等增加 ROS 的不良习惯等等，都可以影响 ROS 的氧化作用，从而导致自身免疫性疾病诊断困难。

临床上，多数的疑难杂症为自身免疫性疾病，我们还没有完全认识到这些疾病的临床表现，并且没有办法检测、诊断。现在，我们能够检测到的抗体只有十几种。从理论上讲，所有的生物大分子物质都可以形成自身抗体，只是我们目前还没有发现而已。

另外，部分自身免疫性疾病患者并未检测到自身抗体，原因可能是这些患者体内并没有产生自身抗体，而是免疫系统持续地被激活，也可以无差别地损害各个组织器官的功能。T 淋巴细胞激活后，可以持续分泌白细胞介素、肿瘤坏死因子、转化生长因子等炎症物质，诱发细胞凋亡，导致相应器官损伤；激活的 CD8+T 淋巴细胞可以直接杀伤自身细胞。在 T 淋巴细胞辅助下，B 淋巴细胞可以转换为浆细胞并长期存活，持续性分泌抗体，这些抗体虽非自身抗体，也可以损伤组织器官。

自身免疫性疾病治疗困惑

自身免疫性疾病的治疗措施主要是抑制免疫反应，应用激素或者环磷酰胺等免疫抑制剂，以降低免疫细胞对于自身抗原的反应。免疫抑制剂的毒副作用不容忽视：骨髓抑制、脱发、继发感染、诱发肿瘤等。

扩张性心肌病也是一种自身免疫性疾病，上呼吸道感染后机体产生了针对心肌的免疫抗体，导致心肌细胞大量坏死、心功能明显下降。一旦诊断明确，扩心病患者的心功能就已经非常差了，其病程根本无法逆转。临床所有的药物治疗都是对症治疗，只能缓解症状，并不能挽救患者的心肌。扩心病最终需要心脏移植才能完全缓解心衰的症状。

但是，心脏移植也存在较多的问题：①.心脏供体较少，没有人愿意将自己的心脏卖掉，其他来源有限；②.费用昂贵，心脏移植手术费用、购买供体费用、术后药物治疗费用都较为昂贵；③.患者生活质量不高，心脏移植后患者需要终生服用抗排异药物、各种抗生素，尽量减少外出、避免感染。④.免疫抑制，移植心脏的心肌细胞、冠脉内皮细胞等细胞膜表面的主要组织相容性抗原与患者心脏不可能完全相同。心脏移植后，这个外来的心脏就会刺激机体，产生免疫排异反应。这个反应可以简单地理解为人体的肌肉里插进了一根筷子，这根筷子如果不拔掉，筷子周围的组织很快就会变红、发热、肿胀、疼痛，继而化脓、溃烂。作为异物，一旦筷子侵入机体就会立即吸引中性粒细胞、巨噬细胞、淋巴细胞等免疫细胞。这些细胞通过释放各种炎症因子、过氧化物以清除异物，同时启动免疫反应，导致红肿热痛。这些炎症因子还会吸引更多的免疫细胞到达异物的部位，在免疫反应过程中，大量的中性粒细胞、淋巴细胞坏死，形成脓肿。如果没有免疫抑制剂，移植心脏就像这根筷子一样不停地遭受免疫细胞的攻击，很快就会出现心肌细胞坏死、冠脉内皮细胞增生、冠脉狭窄，导致心脏功能衰竭，移植心脏损毁。

免疫系统被完全抑制的后果

实质上，环孢素 A、他克莫司、强的松等抗排异药物就是免疫抑制剂，抑制免疫细胞对移植心脏的攻击，但同时也抑制了免疫细胞对于机体的保护作用。

获得性免疫缺陷综合征（Acquired Immune Deficiency Syndrome，AIDS），即艾滋病，其实是感染 HIV 病毒后，人体的免疫系统尤其是 T 辅助淋巴细胞功能严重受损，对于细菌、病毒、真菌等微生物没有抵抗能力，容易受到这些微生物的攻击而感染致死。得益于抗生素的帮助，艾滋病患者细菌感染明显减少，但是其他如罕见的真菌、放线菌、病毒等感染明显增多，艾滋病患者往往死于这些继发感染。另外，卡波西肉瘤等恶性肿瘤也较为常见。

器官移植患者在免疫系统被抑制后，与艾滋病患者的状况非常相似，病毒、细菌、真菌等感染明显增加，恶性肿瘤发生率也明显增加，可以说器官移植的患者就是一种"人造"的类似"艾滋病"患者。

抗氧化预防自身免疫性疾病

在上呼吸道感染的早期，抗氧化处理可能发挥预防自身免疫性疾病的作用。抗氧化药物能够减少免疫细胞产生的过氧化物，减轻免疫反应，减少组织细胞的坏死和自身抗原的氧化变性，杜绝自身抗体产生。

抗氧化药物降低过氧化物浓度、保护巨噬细胞等细胞，延长这些细胞的生存时间，以保障机体及时清理组织内的坏死细胞，减少细胞核内物质及心磷脂等抗原暴露。

因此，对于这类疾病，预防最为关键。我们需努力减少 ROS，减少炎症反应，维持巨噬细胞、单核细胞、中性粒细胞等基础免疫细胞的功能，持续发挥其吞噬、清除病原微生物的作用，使其有充足的时间清除凋亡或坏死的细胞及其细胞成分，想方设法维持基础免疫细胞功能，将自身免疫性疾病消灭在萌芽状态，避免这些成分刺激机体的获得性免疫系统，减少自身抗体的产生。同时，减少过多免疫细胞聚集，从而减轻这些细胞分泌细胞因子，降低 ROS 浓度。减少 ROS 就可以减少 ROS 所致的细胞坏死，减少细胞核内大分子物质的暴露，减少导致自身免疫反应的物质。

几种慢性疾病的相关性

在临床工作中，我们经常遇到多种慢性疾病合并存在的情况，冠心病合并恶性肿瘤、糖尿病合并恶性肿瘤、冠心病合并脑卒中、肺动脉高压合并冠心病等等。这种情况绝非偶然，这些慢性疾病具有相似的危险因素，这些危险因素导致过氧化物增高，过氧化物可以氧化机体任何部位的组织器官，从而产生临床表现各异的疾病。

因此，这些与过氧化物相关的慢性疾病，都可以统称为过氧化疾病。

2 型糖尿病与恶性肿瘤

2 型糖尿病会明显增加恶性肿瘤的发病率，其中最为显著的是胰腺癌。与正常人相比较 2 型糖尿病患者胰腺癌患病风险增加 1.5~2.1 倍；结肠癌患病风险增加 47%~92%；肝细胞癌的患病风险增加 2 倍。另外，2 型糖尿病也明显增加乳腺癌、子宫内膜癌、肾癌、膀胱癌等疾病的患病风险。

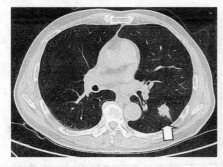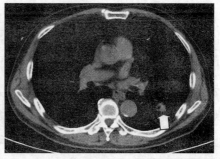

老年男性患者，因急性非ST段抬高性心梗入院，其他伴随疾病：高血压、糖尿病、胃溃疡、左肺占位。这么多疾病伴随发生并非偶然，这些疾病都有相似的致病机制：过氧化物（患者吸烟40年，每天1.5~2包，每天半斤黄酒）。左图为肺窗，可见外形不规则的肿物（白色箭头）；右图为纵隔窗，左肺可见实性肿物（白色箭头），病理证实为恶性肿瘤。

那么，2 型糖尿病为什么会促进恶性肿瘤产生？

2 型糖尿病主要通过两种机制来促进恶性肿瘤的发生发展：过氧

化物和炎症因子。

2 型糖尿病患者体内葡萄糖自身氧化增加，产生大量的 ROS；葡萄糖和蛋白质形成晚期糖基化产物（AGEs），AGEs 与受体结合，促进 ROS 形成；醛糖还原酶多元醇代谢通路活化，消耗更多谷胱甘肽，诱导 ROS 合成；高血糖促进二酯酰甘油生成，激活 PKC，活化 NADPH 氧化酶，产生 ROS。

ROS 可以直接氧化 DNA、蛋白质、脂肪酸及多糖等生物大分子，引起细胞损伤、功能障碍、遗传物质突变，导致细胞增殖异常。ROS 还通过激活 NF-κB 等信号传导通路，促进 ICAM、促凝血组织因子、内皮素、VEGF、TGF-β 等蛋白的表达，促进新生血管形成。ROS 可以诱导基质金属蛋白酶的表达，促进恶性肿瘤细胞转移。

2 型糖尿病患者普遍存在胰岛素抵抗及高胰岛素血症，胰岛素就是一种促癌细胞因子。高胰岛素血症可通过提高循环中 IGF-1 水平，促进细胞生长和有丝分裂，促进恶性肿瘤的发生。

2 型糖尿病患者的脂联素降低，抑制细胞增殖、促进细胞凋亡的作用减弱，增加肿瘤的风险。

另外，2 型糖尿病患者的血清内白细胞介素 6（IL-6）、肿瘤坏死因子 α（TNF-α）、C 反应蛋白等炎性因子表达增加，TNF-α 和 IL-6 可以诱导 ROS 生成、刺激细胞增殖，减少细胞凋亡。IL-10 和转化生长因子 β（TGF-β）等抗炎因子表达增加，这样细胞因子可以抑制免疫反应，在恶性肿瘤免疫逃逸中发挥重要作用。TGF-β 是上皮 — 间质转化（EMT）的始动因子。在肿瘤发展时期，TNF-α 和 IL-6 在其他细胞因子的协同作用下促进 EMT，协助肿瘤细胞局部浸润与远处转移。

2 型糖尿病患者尽管血糖较高，但是葡萄糖无法转运到细胞内，细胞内部是缺糖的，葡萄糖是细胞重要的能量来源。2 型糖尿病患者的免疫细胞运动能力较差，活性普遍较低，容易感染，感染后也不容易痊愈。因此，2 型糖尿病患者免疫监视功能降低，免疫清除功能下降，有利于恶性肿瘤细胞的增殖和发展。

2 型糖尿病患者的细胞免疫调节功能紊乱，T 淋巴细胞亚群比例失调，可以诱导多种细胞因子释放、减弱免疫监视作用，帮助恶性肿瘤细胞躲过机体免疫监视，实现免疫逃逸，促进突变细胞的异常增殖，形成恶性肿瘤。

葡萄糖是肿瘤细胞的唯一能量来源，高血糖状态可以促进肿瘤细胞的生长。高血糖可导致毛细血管基底膜增厚、线粒体呼吸链受损、无氧酵解增强，细胞长期处于低氧状态，促进缺氧诱导因子 -1α(HIF-1α) 表达，HIF-1α 可以介导多种基因转录，涉及细胞的能量代谢、血管生成等，为低氧的肿瘤细胞提供能量，帮助肿瘤细胞适应低氧环境，增强肿瘤细胞的生存能力。HIF-1α 可以维持 VEGF 的 mRNA 稳定性、增加其转录活性、促进表达，促进肿瘤血管的形成。HIF-1α 可以调控 DNA 修复因子表达、降低肿瘤干细胞的凋亡，导致低氧微环境下肿瘤细胞对化疗药物的敏感性降低，增加肿瘤细胞的生存率。

2 型糖尿病患者多数为肥胖患者，过多的脂肪组织分泌大量的细胞因子，这些细胞因子包括肿瘤坏死因子、脂联素、瘦素、血管内皮生长因子等，可以诱导细胞产生大量的 ROS 导致恶性肿瘤等疾病。肥胖人群多数存在胰岛素抵抗及高胰岛素血，还普遍存在瘦素抵抗及高瘦素血症，瘦素可通过 MAPK 信号途径促进细胞增殖，并通过上调 VEGF、TGF-β1、碱性成纤维细胞生长因子，促进血管生成作用，促进肿瘤的发生、发展。瘦素增加基质金属蛋白酶（MMP）的表达，促进肿瘤转移。瘦素还可诱导脂肪组织分泌芳香酶复合物，促进雌二醇生成增加，增加性激素相关肿瘤的风险。

脂肪组织分泌的 TNF-α、IL-1、IL-6、IL-8、IL-10 与 NF-κB 等因子，可通过活化细胞内胰岛素信号级联传导，提高游离脂肪酸水平、降低脂联素水平，促进机体胰岛素抵抗发展。这些炎症因子通过影响细胞周期、激活促癌基因表达诱导恶性肿瘤。这些炎症因子激活机体免疫系统，增加 ROS 释放，ROS 可以氧化损伤细胞 DNA，诱导 DNA 突变导致癌变。

冠心病与恶性肿瘤

现实世界中，冠心病与恶性肿瘤、冠心病与脑卒中、糖尿病与冠心病等慢性疾病合并出现的情况并不少见。这些慢性疾病伴随出现，大大加快了疾病的进程，增加了治疗的难度与费用，加重了患者的病情。国际著名的 Frammingham 大型长期随访研究证实，冠心病与恶性肿瘤都存在相似的危险因素：吸烟、饮酒、肥胖、糖尿病、运动减少、新鲜蔬菜水果摄入减少等等，这些危险因素可以归结为过氧化物产生增多。因此，在临床上，冠心病合并恶性肿瘤的情况并不少见，甚至可以高达 21%！

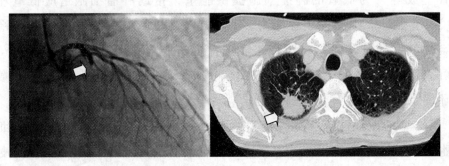

老年男性患者，急性心肌梗死入院，急诊PCI术后胸部CT发现肺部肿瘤。既往吸烟40年，每天一包，否认高血压、糖尿病病史。左图为左冠造影影像，可见回旋支完全闭塞（白色箭头）；右图为患者胸部CT，右上肺内可见较大的肿瘤（白色箭头），双肺肺野内均可见肺气肿、肺大泡。

冠心病与恶性肿瘤都有局部细胞增殖不受控制的现象。冠状动脉内皮细胞不受控制地增生，导致冠状动脉狭窄不断进展，也可以导致支架内再狭窄。为了减轻内皮细胞增生，临床医生使用紫杉醇等药物作为支架涂层或者药物球囊涂层，紫杉醇能够抑制肿瘤细胞微管形成、阻滞细胞有丝分裂，从而抑制肿瘤细胞增殖。即使如此，血管内皮细胞增生也难以完全停止，约 5% 的患者药物支架置入后出现支架内再狭窄。肿瘤细胞失去接触性抑制，细胞增殖失去调控，最终形成肿物，压迫局部组织器官、浸润周围组织、破坏器官结构，造成机体功能受损。

冠心病与恶性肿瘤患者都存在高细胞因子和高水平过氧化物。冠心病患者多见于高血压、糖尿病、肥胖人群，高血压激活交感神经 - 肾素 - 血管紧张素即 RAAS 系统，糖尿病患者存在高胰岛素血症、IL-6、TNF-α、TGF-β、C 反应蛋白等炎性因子表达增加，肥胖人群脂联素水平降低，瘦素水平增高，TNF-α、IL-1、IL-6、IL-8、IL-10 与 NF-κB 等炎症因子分泌增加。恶性肿瘤患者也多见于肥胖、糖尿病患者，体内炎症因子水平较高。吸烟、大量饮酒可以明显增加过氧化物水平，过氧化物也可以促进免疫细胞、血管内皮细胞分泌炎症因子。

　　冠心病与恶性肿瘤都存在新生血管的形成。冠状动脉慢性闭塞的患者可见侧支血管形成；而恶性肿瘤存在大量的新生血管，这些血管促进恶性肿瘤发展和转移。冠心病与恶性肿瘤中局部组织都存在缺氧，低氧是新生血管的诱导因素。血管内皮生长因子、成纤维生长因子、血小板源生长因子等等都参与了新生血管形成，血管内皮生长因子通过 FLT-1 和 FLT-KDR 受体直接刺激内皮细胞，促进血管内皮细胞增殖、迁移、形成小管，促进血管生成作用较为强大。这些细胞因子在冠心病侧支血管形成和恶性肿瘤新生血管生成中发挥类似的作用。

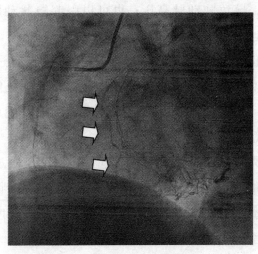

图为冠心病患者侧支血管形成（白色箭头），恶性肿瘤也存在新生血管形成的现象。

　　抑制细胞增殖药物都可以在冠心病及恶性肿瘤中发挥作用。药物涂层支架是治疗冠心病的首选介入措施，涂层内的药物多数为他昔莫司或紫杉醇，这些药物具有抑制免疫、抑制细胞增殖的功能，可以抑制内皮细胞增生。紫杉醇同样也是重要的化疗药物，通过抑制细胞内微管形成来抑制肿瘤细胞分裂、运动、迁移，从而减少肿瘤复发。

冠心病与恶性肿瘤具有相似的危险因素、类似的增殖机制与新生血管形成机制，对于化疗药物较为敏感，可以进行异病同治。

冠心病与肺动脉高压

左心疾病是最为常见的导致肺动脉高压的疾病，包括心脏瓣膜病、冠心病、心肌病，这类肺动脉高压患者数量最多，预后较差。冠心病与肺动脉高压具有相似的危险因素，过氧化物在冠心病和肺动脉高压的病理生理过程中都发挥相似的重要作用。

过氧化物可以清除一氧化氮（NO），导致血管收缩。NO是最重要的血管舒张因子之一，除了扩张血管，NO还具有抑制血小板与血管内皮细胞的黏附、抑制血管平滑肌细胞增殖、维持平滑肌细胞正常有丝分裂的功能。各种氧自由基等过氧化物可迅速清除NO，造成NO降解增加、NO生物利用度降低，引起肺动脉血管内皮功能障碍、肺动脉血管收缩，导致肺动脉高压；也可以引起冠状动脉痉挛、管腔狭窄导致心绞痛、急性心肌梗死。

过氧化物促进内皮细胞凋亡。过量的ROS通过上调Fas的表达、诱导线粒体DNA损伤、激活JNK/C-Jun等途径促进血管内皮细胞凋亡。同时，过氧化物诱导凋亡抵抗表型的内皮细胞过度增殖，引起血管重构、管腔狭窄甚至闭塞。

过氧化物诱导平滑肌细胞迁徙及增殖。ROS通过多种途径诱导血管平滑肌细胞迁徙至内膜，并促进细胞增殖。冠状动脉外膜的血管平滑肌细胞受ROS氧化的LDL诱导迁移到血管内皮下，其表型及功能发生改变，不再具有收缩功能，转向吞噬ox-LDL及分泌细胞因子等功能。随着平滑肌细胞迁移增多，ox-LDL在平滑肌细胞内累积，平滑肌细胞成为泡沫细胞，冠脉内皮局部向内隆起，形成斑块，导致管腔狭窄。使平滑肌细胞发生坏死后，其中的ox-LDL释放出来，形成粥样斑块核心。平滑肌细胞坏死也可以导致斑块的不稳定，诱发心绞痛或者急性心肌梗死。平滑肌细胞迁移到肺动脉内皮下，在 ROS 刺激下平滑肌细胞增殖并发生收缩，导致血管狭窄，促进肺动脉高压形成。

过氧化物促进血管外膜成纤维细胞迁移。过氧化物刺激成纤维细胞转化为肌成纤维细胞，肌成纤维细胞具有收缩性，也能够分泌大量细胞外基质，增加血管阻力，诱发动脉高压。过氧化物也可以促进成纤维细胞由外膜迁移进入血管中膜和内膜，导致血管中膜及内膜增生，引发血管腔狭窄、闭塞。

过氧化物可促进多种炎症细胞因子的表达。这些炎症因子包括 PI3K/Akt、p38 丝裂原活化蛋白激酶、c-Src、TGF-β1、VEGF、ICAM 等，而细胞因子也可以刺激 ROS 的产生，二者互为因果。这些细胞因子诱导血管重构、增加血管阻力。过氧化物还促进内皮细胞高表达细胞黏附分子和整合素，增加中性粒细胞、单核细胞、血小板等黏附，增加局部炎症与细胞凋亡，导致局部血栓形成，促进肺动脉高压形成。

过氧化物诱导心肌细胞凋亡，导致心功能不全。心力衰竭时的 NADPH 氧化酶表达增强、黄嘌呤氧化酶的生成增加，ROS 产生增多，一氧化氮合成酶功能失调或缺失，导致线粒体功能缺陷、能量合成减少，促进心肌细胞凋亡，诱导心功能不全，这种心功能不全既累及了左心，也累及右心。

因此，冠心病与肺动脉高压具有相似的致病机制，可以异病同防、异病同治。

异病同防、异病同治的重要性

这些慢性疾病的危险因素都可以导致机体的过氧化物水平增高，过氧化物可以损伤机体的任何部位。在临床工作中，我们甚至可以遇到多种慢性疾病集中于同一患者的情况，冠心病合并肺癌、脑梗、糖尿病、高血压、慢性支气管炎、肾功能不全。过氧化物作用于不同的器官就会产生不同的疾病，尽管临床表现各异，但是其致病机制是相似的，这就是异病同防、异病同治的理论基础。

目前，冠心病与脑梗死的治疗与预防措施趋于一致，阿司匹林用于预防血小板凝聚所致的血管再次堵塞和急性血栓形成，他汀类药物用来稳定斑块、减少斑块的进展速度，降压、降糖类药物则用于危险因素的控制，至于营养脑细胞、心肌细胞的药物并没有获得临床医生一致性的积极推荐。虽然过氧化物在这些慢性疾病中发挥重要作用，由于维生素 C 或维生素 E 等抗氧化药物在临床实验中患者并未获得明显益处，这些抗氧化药物并未得到常规推荐。

这些慢性疾病需要多学科综合治疗，需要患者和家属积极配合，才能取得较好的效果。以高血压的治疗为例，要实现理想地控制血压，除了按时服用降压药物以外，还需要减肥、适量运动、限盐、戒烟、戒酒、积极治疗睡眠呼吸暂停、摄入新鲜蔬菜水果等。这些措施需要彻底地改变个人的行为并重新形成良好的生活习惯，才能发挥预防和治疗作用。这些处理措施与冠心病、脑卒中、恶性肿瘤、糖尿病等慢性疾病的综合治疗基本相同。其中，减肥、戒烟、戒酒是为了减少过氧化物的产生；鼓励进食新鲜蔬菜、水果是为了利用其中的维生素中和过氧化物。

过氧化是这些慢性疾病的共同致病机制，是所有治疗的重中之重，积极寻找高效、低毒的抗氧化药物是目前的当务之急。

恶性肿瘤预防的迫切性、重要性

上面介绍的冠心病、糖尿病、高血压、脑卒中等慢性疾病,临床上已经有相应的新药、新治疗手段,预后尚可以接受。但是,我们对于恶性肿瘤的治疗手段还没有根本性的改善,尤其是晚期恶性肿瘤,其预后极差,由此带来的经济及精神负担极重。

恶性肿瘤细胞是人体正常细胞突变而来,不是感染或者移植而来的,恶性肿瘤细胞能量代谢、细胞增殖与凋亡、新生血管形成等代谢通路与正常细胞几乎是相同的,只是某些途径较为活跃,另一些途径相对低下,但并没有特异性。免疫细胞能够识别并清除那些表达特异性蛋白的突变细胞,能够存活下来的突变细胞都具有一种特性——不会表达特异性蛋白。这样,肿瘤细胞才能躲过免疫监视,继续存活,并能够局部浸润和远处转移。恶性肿瘤细胞的这些特性导致治疗上的困难:手术难以清除,靶向治疗无靶点,免疫疗法不特异。

我们这里所关注的主要是过氧化物所致的恶性肿瘤,其预后非常差。部分恶性肿瘤如乳腺癌、甲状腺癌、前列腺癌等,早期发现,尽早治疗,完全可以治愈。这类肿瘤主要是内分泌紊乱所致——激素水平不同程度地增高。当然,过氧化物也可以导致这类肿瘤,但比例较低。前列腺癌的治疗就是一个较好的案例,患者仅仅接受"去势"手术,即切除睾丸,以降低体内雄性激素,就可以明显抑制肿瘤生长而长期存活。因此,这部分恶性肿瘤不在下面的讨论范围。

恶性肿瘤的复杂性 - 信号通路共用、多样

从基因突变到恶性肿瘤细胞形成,再到肿瘤细胞增殖、肿瘤新生血管形成、肿瘤细胞局部浸润,直至远处转移,其间发生非常多的信号通路功能异常。这些信号通路并非发生了根本性的改变,信号通路的蛋白质、激酶成分并无变异,仅仅是功能增强或者减弱而已。现代的研究仅仅证实恶性肿瘤患者某种细胞因子表达增高或降低,并未出

现特异性表达的蛋白质或肿瘤标志物。诸多信号通路之间发生过多少交叉反应？不同信号通路可以共用多少激酶作为底物？这些激酶可以作用于多少的底物，引发什么样的效应？我们对此了解得还很少，我们还无法完全在体外模拟出细胞内各个信号通路之间的相互作用，无法计算出各条通路之间作用程度。迄今发现的肿瘤相关的信号通路接近十条——未来还会发现更多的相关信号通路，按照每条通路平均含有 4 种蛋白质激酶计算，这些通路之间的作用方式可以出现的组合将是指数级别的！

细胞因子及其通路在肿瘤细胞和正常细胞中发挥作用的机制相同，只是表达数量的差别，并没有质的差别。恶性肿瘤细胞本来就是正常细胞突变而来，原先细胞内的生理功能照样可以使用，只是活化程度不同、抑制和激活过程紊乱、细胞静止与增殖出现失衡而已。在这种情况下，为治疗肿瘤，将这个通路完全抑制，把这个通路中的关键酶灭活的做法可能带来非常严重的后果。癌症相关的信号通路参与了细胞能量代谢、发育、增殖、迁移、分泌等功能。如果完全抑制这些信号通路，那么正常细胞的增殖、发育等过程就会受到严重影响，导致相应组织器官的功能不全，甚至导致个体的死亡。另外，信号通路之间存在着相互影响、相互作用——抑制某个信号通路可能会引起矫枉过正，导致其他信号通路表达增强，引发新的不平衡出现。

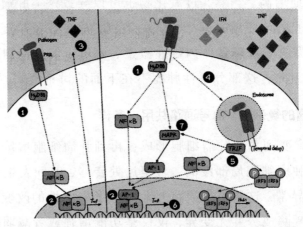

细胞因子和病原微生物激活NF-κB的途径，NF-κB在感染和细胞免疫中发挥重要作用，红色方块为肿瘤坏死因子，粉色方块为干扰素，绿色带尾椭圆为病原菌。

我们以 NF-κB 信号通路为例说明一下信号通路的复杂性。NF-κB 是一种较为常见的核因子，激活后可以进入细胞核内与相应的基因结合。NF-κB 可以调节靶基因的转录、促进细胞存活和增殖、抑制凋亡、介导细胞侵袭与转移，其信号通路是炎症、免疫反应以及细胞增殖、凋亡的共同下游通路。NF-κB 转录因子是炎症和免疫反应的关键调控分子，IL-6 和 IL-8 等炎症因子的相关通路下游都涉及 NF-κB。NF-κB 被激活后，通过提高细胞周期蛋白（CycD1 和 CycE）和 c-Myc 等细胞因子促进淋巴细胞等免疫细胞的增殖，通过减少 cIAPs1/2、XIAP、Bcl-2 和 Bcl-xl 等蛋白来抑制细胞的凋亡。活化后的 NF-κB 增加 TNF-α、IL-1、IL-6，IL-8、MCP1、COX2 和 iNOS 的转录与活化，形成正反馈循环方式。NF-κB 发挥激活免疫反应、放大免疫信号的作用。

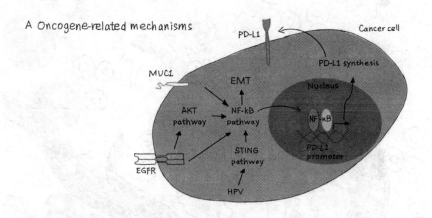

NF-κB参与肿瘤细胞转移的分子机制，表皮生长因子受体（EGFR）可激活NF-κB，促进PD-L1表达，促进肿瘤细胞上皮—间质转化，增加肿瘤细胞转移。

同时，在多种癌症中，NF-κB 信号通路表现异常，其下游关键致癌途径包括 Ras、Bcr-Abl 和 Her2 通路。活化后的 NF-κB 增加肿瘤促进因子 TNF-α、IL-1、IL-6，IL-8、MCP1、COX2 和 iNOS 的表达，促进肿瘤形成、促进肿瘤细胞侵袭和转移。

NF-κB 通路既参与了炎症和免疫反应，又是恶性肿瘤细胞存活、增殖、侵袭和转移的关键调控分子。那么,如何特异性地抑制肿瘤细胞内的NF-κB,而又不影响免疫细胞内NF-κB的功能? NF-κB是多数炎症因子发挥作用的共同下游通路,将其完全抑制后免疫细胞如何发挥抗炎的功能?

恶性肿瘤微环境复杂

肿瘤局部微环境参与了恶性肿瘤细胞发生、发展、浸润和转移的过程,肿瘤局部微环境包括细胞外基质和成纤维细胞、单核细胞、淋巴细胞等,肿瘤细胞与微环境内的细胞与基质相互作用非常复杂,对我们而言仍然是一个盲区,我们还没有办法研究清楚其中的各种作用机制。

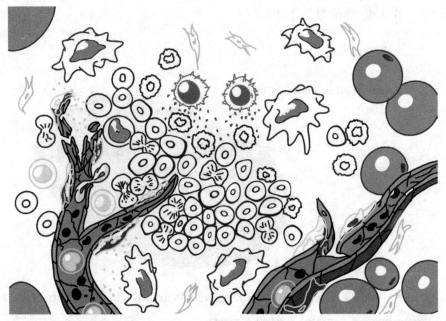

肿瘤组织(淡紫色细胞组成,可见较为活跃的细胞分裂)所处的微环境示意图,这个微环境极为复杂、动态多变,T淋巴细胞、B淋巴细胞、单核细胞、成纤维细胞、内皮细胞、树突状细胞及其分泌的各种细胞因子及新生血管等等组成了微环境,这些细胞对肿瘤的生长、发育和转移都会产生或多或少的影响。

细胞外基质(ECM)是存在于细胞之间的动态网络结构,由胶原、蛋白聚糖、糖蛋白等大分子物质构成,这些大分子物质可与细胞表面的特异性受体结合，通过受体与细胞内的骨架结构直接发生联系或触发细胞内的信号传导引起不同的基因表达，参与细胞黏附、迁移、增殖和分化。胶原蛋白主要为组织提供基本骨架及强度，蛋白聚糖和透明质酸维持水合状态、力学特征、建立与维持信号分子的浓度梯度，确保组织的发育、形式和功能。ECM 处于动态平衡状态，调控 ECM 的酶类有丝氨酸蛋白酶、半胱氨酸蛋白酶、天冬氨酸蛋白酶及基质金属蛋白酶，这些酶类也受细胞因子的调控。肿瘤细胞与细胞外基质、肿瘤细胞与成纤维细胞、单核细胞等是如何相互作用、相互影响的？微环境含有那么多成分，每种成分的变化对于肿瘤细胞会产生什么影响？微环境内的其他细胞如何参与肿瘤细胞的发生发展过程？如何调控肿瘤细胞？

目前，肿瘤研究多数基于单细胞体系培养，很少有两种以上细胞体系，更没有肿瘤微环境类似的立体、多成分、多细胞参与的研究体系。每种细胞培育条件不同，适合肿瘤细胞生长的培养液不一定适合成纤维细胞，可能会导致成纤维细胞生长停滞，甚至死亡；这种培养体系也可能会导致淋巴细胞、单核细胞的死亡。研究肿瘤细胞微环境需要建立动态、立体的多细胞培养体系，体外培养的难度较高，模拟相似度较差，还需要高分辨示踪这些细胞，我们还不具备这样的研究条件。

恶性肿瘤干细胞没有特异性标记

恶性肿瘤干细胞与正常干细胞表面因子标记几乎没有差别，恶性肿瘤干细胞的标记因子并不是特异性的，不同组织的恶性肿瘤细胞可以共有相同的标记。CD133 是一种胶质母细胞瘤的标记因子，但是胰腺癌、乳腺癌、直肠癌、肺癌和肝癌等也存在这个标记；CD117、CD44 是卵巢癌干细胞的有效标记分子，CD44 也被应用于乳腺癌干细胞的标记，成人正常干细胞表面也有 CD44 的表达。乙醛脱氢酶 1 是乳腺癌、视网膜母细胞瘤、前列腺癌、胰腺癌、非小细胞肺癌等多种肿瘤干细胞表面的标记物。

肿瘤干细胞没有特异性标记，应该是免疫系统选择的结果。在细胞突变时，细胞表面如果形成特异性抗原，这些抗原就会引发免疫细胞产生抗体或者诱导免疫细胞形成穿孔素，都将导致突变细胞的死亡。肿瘤干细胞与正常的干细胞几乎共用调节基因和发育调节信号通路，如 c-myc、Bmi-1、Hedgehog、Notch 和 Wnt 信号通路。肿瘤干细胞通过这些相关的信号通路进行自我更新；这些信号通路在正常组织干细胞的增殖和分化方面也起着重要的作用。肿瘤干细胞标记因子的非特异性可能导致我们的很多研究归于徒劳：利用细胞标记寻找肿瘤干细胞；利用相关的特异性抗体来清除肿瘤干细胞、预防恶性肿瘤转移和复发。

恶性肿瘤早发现、早治疗的难点

现代肿瘤专家们提出的"恶性肿瘤早发现、早治疗"的课题，可能只是一个美好的愿望。目前为止，早期恶性肿瘤的定义并没有完全确定，还存在不少的争议。肿瘤早期、中期与晚期的阶段划分其实是回顾性的。原位癌是在肿瘤切除后做成病理切片，显微镜下没有看到肿瘤细胞侵犯包膜或者基底膜的情况下给出的诊断，属于早期癌症。如果病理切片发现恶性肿瘤细胞已经突破包膜、浸润周围组织，或者已经转移到周围淋巴结，那么恶性肿瘤就处于中期或者晚期。但是，部分恶性肿瘤细胞在没有侵犯包膜时就已经发生了远处转移，这时的肿瘤分期应当归于晚期。其实，病理诊断的结果只能作为参考——尽管病理诊断是多数肿瘤的金标准或所有疾病的最终答案。肿瘤分期诊断是一个时间概念，病理医生需要根据肿瘤标本的显微镜下表现和患者临床表现做出判断，而患者的临床表现需要时间的检验。某些肿瘤如纤维肉瘤在显微镜下表现得非常温和，与良性的纤维瘤非常相似：细胞形态、大小较为一致，栅栏样地排列整齐，也没有核分裂、细胞异型性较大等恶性细胞的表现，貌似包膜还完整，第一次病理诊断为纤维瘤——良性的。但是，在随访过程中，患者的肿瘤从盆腔转移到腹腔，又从腹腔转移到了胸腔——尽管手术切下来的肿瘤细胞还是那么温和，这种情况下，当初纤维瘤的病理诊断就需要修正为纤维肉瘤（恶性肿瘤）。

病理学家曾经测算过，体积为 1 立方毫米的肿瘤组织就已经包含了 100 万个细胞！这个大小的肿瘤是不是早期肿瘤？临床上，我们甚至会遇到更为特殊的恶性肿瘤，患者即使已经出现了淋巴结的转移，原发病灶仍无法确定，只能通过转移淋巴结的病理结果推测其原发器官。根据肿瘤已经远处转移的行为来定义，即使肿瘤体积小到无法发现，这种肿瘤肯定处于晚期阶段。肿瘤的病理诊断不可靠，更不要说影像学检查了。目前为止，影像学检查手段——CT、核磁等方法，只能发现直径 2mm 以上的肿物，但是无法判断其性质，判断肿物的良恶性需要病理切片，而病理诊断又存在局限性。因此，以现在的技术手段，我们难以做到恶性肿瘤的早期发现。

那么，几个或几十个癌细胞是不是早癌？发现这些癌细胞，临床意义大不大？据估计，人体每天发生突变的细胞多达上百万个，这些细胞绝大多数会被免疫系统清除，只有极少数突变细胞存活下来，逐步形成肿瘤。这就是恶性肿瘤发病率并没有那么高的原因，人群中恶性肿瘤的发生率为（100~300）/10 万，即相当于 1‰~3‰。临床上已经开始广泛应用的肿瘤标志物的检测还是存在较多的问题，首先是肿瘤标志物特异性不强，如前列腺特异性抗原（PSA），前列腺癌、前列腺腺瘤和前列腺炎的患者，其 PSA 水平都可能增高，存在假阳性问题。而且在肿瘤早期，这些血清标志物可能并不表达，无法检测出来。其次，肿瘤标志物阴性并不表示患者没有肿瘤，存在假阴性。实际上，临床病理学研究已经证实，恶性肿瘤并不存在特异性抗原！另外，癌症早期患者较少出现典型的临床症状，甚至没有任何症状——绝大多数恶性肿瘤早期并不引起疼痛，即使出现远处转移，淋巴结肿大，也往往表现为"无痛性肿块"。这样，患者就不会引起足够重视，不愿意就医，错过最佳治疗时机。

临床上很多疾病，特别是炎症相关的疾病，疼痛明显，很少会漏诊。急性阑尾炎患者刚开始可能无法说清疼痛的部位，但腹部不适的症状促使他尽早就医，一段时间后腹痛就会固定于右下腹阑尾部位。急性阑尾炎往往伴随恶心、呕吐、发烧、食欲不振等较为明显的临床症状,时刻提醒患者加强注意。泌尿系统结石,尤其是结石碎裂、随尿液向下移动时划伤肾盂、输尿管或者尿道内膜,引发肾绞痛、腹痛,这种疼痛伴随放射痛——向膀胱、尿道辐射,并伴随血尿。这种疼痛患者是很难忍受的,极为痛苦,甚至出现满地打滚的情况,普通的镇痛药物往往无效。疼痛和出血是机体发出的最为强烈的信号,表明机体的某个器官出现问题了,需要引起高度重视、紧急处理!因此,临床上这类伴随疼痛的绝大多数患者都得到了及时救治,死亡率非常低——急性阑尾炎死亡率约1%,而肾结石一般不会致死,除非合并泌尿系统感染引发的败血症、肾功能衰竭、尿毒症等。

临床医生难以做到早发现,早治疗就无从谈起。早治疗也存在较多问题,手术切除、放疗还是化疗?局部切除还是扩大切除?局部切除加化疗、放疗?什么样的治疗方式较为适合?早期手术切除过多,可能带来相应器官的功能减低,甚至导致残疾及死亡。我们既要避免过度治疗,又要有效地控制肿瘤的发生与进展,这是一个充满矛盾的难题。

恶性肿瘤死亡率高、预后较差的原因

在肿瘤早期,患者很少甚至不会出现典型的肿瘤症状,也就不会重视、不会及时就医,失去尽早干预的机会。患者出现典型的临床表现,一般为肿瘤的中期或晚期,尤其是空腔脏器的肿瘤。以胃癌为例,胃的容量较大,可以储存大量的食物,空腹与饱餐后的胃容积可以相差好几倍,菜花型胃癌直到中期可能也没有典型的症状,等到肿瘤体积大到一定程度,阻塞幽门、贲门甚至阻塞胃体或者肿瘤表面溃疡出血,才会出现腹痛、厌食、消化不良、恶心、呕吐、贫血的表现。这个时候手术往往为时已晚,肿瘤已经侵犯周围组织,或者已经通过淋巴或者血液实现远处转移。

恶性肿瘤难以早期发现,中晚期的肿瘤组织内部反复坏死、出血对于机体的消耗较大,贫血、恶心、呕吐、厌食等导致病人消瘦、低蛋白血症等营养不良,部分病人甚至会出现恶液质。部分恶性肿瘤还具有内分泌功能,引发高血压、心律失常等疾病。恶性肿瘤侵犯较大

血管会导致大量出血，咯血、呕血都可以致死。

恶性肿瘤细胞侵犯肝脏、肾脏、肺脏、颅脑等重要脏器，可以导致肝功能衰竭、尿毒症、呼吸衰竭、脑功能下降等，加速患者死亡。

外科手术、放疗、化疗及生物治疗等措施都存在较大的副作用。外科手术切除肿瘤的创伤往往较大，相应器官功能难以短期恢复，无再生能力的器官功能不能完全恢复，手术时损伤较大的血管可以直接导致患者死亡。

放射线治疗即为放疗，可以引发辐射损伤，损伤机体的组织器官；射线也可以直接电离组织细胞，诱导过氧化物产生，损伤机体。

化学药物治疗简称化疗，可以抑制骨髓造血导致贫血，甚至再障；也可以损伤胃肠道黏膜，引发溃疡导致出血；某些化疗药物可以直接诱发心肌细胞坏死导致心功能不全；化疗药物还会引起其他部位组织细胞发生突变，导致继发恶性肿瘤。顺铂等化疗药物杀伤肿瘤细胞的机制就是在细胞内产生大量过氧化物，但是过氧化物也可以诱导基因突变，而且肿瘤细胞对于过氧化物并不敏感，较为耐受。即使在过氧化物作用下，肿瘤细胞的端粒明显缩短，细胞的生长也不会停止，不会出现细胞死亡的情况。

化疗、放疗、免疫治疗等方法都可以产生过氧化物，这些治疗都具有"治疗肿瘤"和"导致肿瘤"的双重作用。

免疫疗法、靶向治疗、介入治疗等方法也都可以引起其他器官与组织伤害等，都可以损害患者健康，加速患者的死亡。

肿瘤侵犯正常组织器官，治疗肿瘤的各种方法都存在明显的毒副作用，这些因素都明显促进患者的死亡。

恶性肿瘤的发生是一个反复选择的、优胜劣汰的随机过程

恶性肿瘤的发生、发展、转移是一个异常复杂的过程，而且相当漫长，是不良生活习惯长期刺激的结果。从正常细胞突变为恶性细胞、从恶性细胞到肉眼可见的肿瘤，这个过程本身就是一个淘汰、选择的过程。我们人体每天有近百万个细胞发生突变，但是，我们人类的恶性肿瘤发病率仅为1‰~3‰！发病率为什么会这么低？多数突

变细胞会表达某些特异性的抗原，引发机体的免疫反应，吸引淋巴毒性T细胞、自然杀伤细胞等，将突变细胞消灭。另外，多数人的免疫系统处于较为健康的状态，可以及时发现并消灭变异细胞。维持机体细胞遗传稳定、不产生变异的后代细胞，人体的免疫系统在这个过程中居功至伟！

ROS 诱发大量细胞突变，损伤免疫系统

我们人类的不良生活习惯如吸烟、饮酒等对于机体的危害都可以归结于过氧化物（ROS）。不良习惯越多，形成的累积叠加效应就越大，机体内的过氧化物浓度就越高，对机体的危害就越大，细胞的突变概率就越大。吸烟时喝酒就比单纯吸烟的危害大得多。如果ROS氧化了DNA，激活了癌基因、灭活了抑癌基因，同时破坏了DNA修复酶的结构和功能，那么正常细胞突变为恶性细胞的概率就会明显增加。

另外，高浓度的ROS也会损伤免疫细胞，导致免疫细胞功能降低，失去免疫监视功能，甚至引发免疫系统的恶性肿瘤，导致白血病、淋巴瘤等免疫系统的恶性肿瘤。

免疫系统对突变细胞残酷筛选并与之和平相处

恶性肿瘤细胞来源于自身的正常细胞，是过多的ROS经过长时间、多次选择、淘汰的结果。机体的免疫系统对于这些突变细胞不会产生吞噬、穿孔素等细胞免疫反应，也不会产生特异性的抗体，不能杀伤肿瘤细胞。ROS也会抑制免疫系统功能，导致免疫耐受、免疫逃逸。因此，从这一点来看，生物疗法、免疫治疗是没有办法治疗恶性肿瘤的。

ROS对于机体的细胞而言是一个双刃剑，既可以杀死细胞，也可以诱导细胞突变，形成不受控制的恶性细胞。如果这些恶性细胞能够耐受高浓度的ROS，同时其细胞表面又没有特异性抗原，那么恶性细胞就可以大概率存活下来，并不断地生长，形成肿瘤。细胞发生突变只是形成肿瘤的第一步，细胞表面"失去"特异性抗原才是较为重要

的一步，表面的特异性抗原并不是细胞主动地"丢掉"，而是一个免疫系统淘汰突变细胞的过程，只有那些无特异性抗原的突变细胞才会被选择留下，其余的表面形成特异性抗原的突变细胞就会被清除。这些能够存活下来的突变细胞就不会引发机体的免疫反应，可以躲避免疫系统的监视，长期与免疫细胞和平共处。

恶性肿瘤细胞还会充分利用免疫细胞，通过旁分泌促进免疫细胞表达相应的细胞因子，促进肿瘤新生血管形成，促进肿瘤细胞转移。现在流行的 CAR-T 技术，理论上可以实现激活免疫细胞，并发挥杀灭肿瘤细胞、治愈恶性肿瘤的作用，从"为虎作伥"到"惩恶扬善"，这些免疫细胞是如何实现快速转变的？

恶性肿瘤细胞突变呈随机性，导致临床表现各异

不同恶性肿瘤细胞的发病机制不尽相同，即使同一种恶性肿瘤，每个患者基因突变的形式不同，临床表现就会千差万别，而不同类型肿瘤的基因突变位点可以相同。导致这种复杂的临床问题的主要原因是 ROS，ROS 损伤基因完全是随机的。与肿瘤相关的任何基因都可能被氧化损伤、发生突变，这些基因参与了细胞周期、细胞增殖、生长发育、细胞黏附、新生血管形成等过程。每位患者的具体身体状况、器官的功能状态不同、危险因素的差异等都可导致基因对于 ROS 的反应有明显差异。

不同癌基因突变所引发的恶性肿瘤的临床表现会有差异，不同癌基因与抑癌基因的组合也会带来不同的临床表现。2014 年 *Nature* 杂志上发表过一篇基因检测的研究论文，全基因扫描 115 例宫颈鳞状细胞癌，共检测到 6 种突变基因 *MAPK1*、*HLA-B*、*EP300*、*FBX-W7*、*TP53*、*ERBB2*，占比分别为 8%、9%、16%、15%、5%、6%，没有一种基因占比超过 50%，表明基因突变的随机性非常大。另外，检测到的这 6 种突变基因只占到了所有宫颈癌病例的 59%，还有 41% 的病例并未检测到基因突变，其中的原因可能有两方面。第一，各种不良刺激仅仅诱发癌基因表达增加或者抑癌基因表达降低，并未导致这些基因突变，促进细胞增殖的基因持续激活就可以导致细胞无限制地

分裂、增殖，同时，抑制细胞周期的基因功能减低，对于细胞周期调控减弱，最终导致肿瘤形成。这种致癌机制多数见于乙型肝炎所致的肝癌及过热食物所致的食管癌，慢性病毒、细菌感染或者物理损伤所致的慢性炎症都会引发相应组织细胞的增殖基因激活，导致细胞无限制地增生、分裂。第二，我们对于恶性肿瘤的发病机制并没有完全搞清楚，可能还有很多新的基因我们并没有发现，尤其是沉默基因，这些基因只在胚胎时期发挥作用，出生后其功能逐渐关闭。细胞突变时，这些基因是否被激活、这些基因是否参与恶性肿瘤的发生发展？这些问题还需要我们深入研究。

肿瘤血管形成

经过免疫系统筛选下来的突变细胞就成为癌细胞，这些细胞可以通过自分泌方式促进自身细胞分裂、增殖，成为永生细胞，细胞间也不存在接触性抑制。但是，当细胞团块生长到一定体积 - 约为 1 立方毫米大小时，细胞团内部就会出现缺血、缺氧情况，细胞生长就会停滞，团块内部甚至会出现坏死现象，癌细胞团就无法成长为肿瘤。这种情况下，癌细胞及其微环境的细胞在癌细胞旁分泌作用下就开始分泌细胞因子，特别是血管内皮生长因子（VEGF）、细胞间黏附分子（ICAM）等，这些细胞因子能够促进血管内皮细胞分裂增殖，利于新生血管生成；基质金属蛋白酶（MMP）则能够分解周围组织，为新生血管准备空间。新生血管可以加大肿瘤组织的血供和氧供，帮助这些细胞团较快生长，形成肿瘤。即使如此，由于恶性肿瘤生长较快，肿瘤内部还是经常呈现低氧状态，内部细胞坏死就较为常见。肿瘤细胞不断地分裂、增殖，不断地坏死、出血，消耗了较多的营养，这是导致患者极度消瘦、形容枯槁、多个器官衰竭的恶液质的主要原因。另外，新生血管也是恶性肿瘤细胞实现远处转移的重要通道。

肿瘤血管形成的机制与正常血管再生并没有特异之处，冠脉严重狭窄或者闭塞的患者，其邻近血管往往形成侧支血管，以供应闭塞血管分布的心肌组织。正常冠脉侧支形成也会涉及 VEGF、ICAM、MMP 等细胞因子及其传导通路，这些通路在肿瘤新生血管中同样发挥重要作用。

恶性肿瘤细胞也较为适应缺氧的环境，这种低氧环境也可以促进新生血管形成。ROS 可以促进肿瘤细胞及肿瘤微环境内的细胞分泌细胞因子。肿瘤微环境中的淋巴细胞、中性粒细胞、巨噬细胞属于免疫细胞，具有监视、杀灭肿瘤细胞的功能。但是，在肿瘤微环境下，在恶性肿瘤细胞旁分泌作用下，这些免疫细胞分泌促进肿瘤细胞生长、肿瘤血管形成的细胞因子。肿瘤细胞如何"策反"免疫细胞，实现"助纣为虐"的？这也是一个需要深入研究的重要课题。

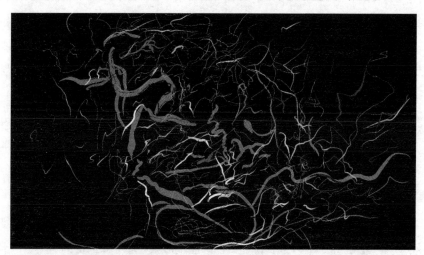

肿瘤的新生血管网络示意图，红色部分血管为肿瘤动脉系统，蓝色血管为肿瘤静脉系统，肿瘤血管与人体的普通血管并没有什么本质的区别。

恶性肿瘤转移

恶性肿瘤细胞想要实现远处转移，就必须突破包膜或者基底膜的限制，侵犯周围的组织，进入血液系统或者淋巴系统，利用这些系统向远处转移。基质金属蛋白酶（MMP）是分解基底膜、降解胶原的主要蛋白酶，ROS 可以促进肿瘤细胞、肿瘤微环境细胞分泌 MMP。恶性肿瘤细胞侵犯周围组织的病理生理过程较为复杂，涉及分解基底膜、肿瘤细胞上皮间质转变（EMT）、肿瘤细胞通过变形运动游出等过程。

上皮细胞之间结合较为紧密，而且上皮细胞存在一定的极性，游

201

离面朝向体表或者腔面，基地面与深部结缔组织的基底层结合，游离面和基地面在结构和功能上具有明显差别。上皮细胞的侧面与其他细胞通过紧密连接、中间连接、桥粒和缝隙连接结合紧密，彼此固定。正常情况下，上皮细胞的这种极性是不能反转的，细胞间的连接就像绳子和钉子一样将上皮细胞牢固地束缚于基底层。上皮细胞之间还存在显著的接触性抑制，不能无限制地生长，细胞间的连接结构也参与了这个过程。

间质或者间皮细胞与上皮细胞不同，没有极性，细胞之间的连接较为松散，细胞的移动性远高于上皮细胞。中性粒细胞、单核细胞、纤维细胞、平滑肌细胞等都是间皮细胞，这些细胞能够在组织间游走，参与免疫反应、炎症、组织修复等生理病理过程。冠状动脉内皮下的粥样硬化斑块主要细胞成分就是血管外膜的平滑肌细胞。这些细胞受到 ox-LDL 诱导，从外膜迁移到内皮下，细胞增生伴细胞性质改变：由收缩功能变为吞噬功能，并具有一定的分泌能力。平滑肌细胞不断吞噬 ox-LDL 形成斑块，引发血管管腔狭窄。随着 ox-LDL 增多，平滑肌细胞坏死并释放出 ox-LDL，形成粥样脂质核心。

上皮细胞来源的恶性肿瘤称为癌，如肺鳞癌、胰腺癌、肝细胞肝癌、胃癌等等，间质来源恶性肿瘤称为肉瘤、纤维肉瘤、平滑肌肉瘤、骨肉瘤、软骨肉瘤等，血液系统恶性肿瘤称为 ×× 病或 ×× 瘤，如白血病、慢性淋巴细胞白血病、淋巴瘤、浆细胞瘤等。

可以看出，间皮细胞的活动能力和范围远远高于上皮细胞。恶性肿瘤细胞上皮 — 间质转变（EMT）是非常重要的一个步骤，这个转变直接释放了肿瘤细胞的活力，使之像间皮细胞一样可以变形、运动、游出等，为局部浸润和远处转移做好准备。

EMT 的机制较为复杂，涉及较多基因的表达和抑制。EMT 后的肿瘤组织结构更为疏松，细胞内的波形蛋白明显增加，表面黏附分子明显减少，导致细胞间的黏附性降低，细胞特性发生变化，从较为静止的上皮细胞变为运动能力更强的间质细胞，这个过程更像是普通的癌上皮细胞转变为肿瘤干细胞的"逆袭"。MMP 降解基底膜后，间质变的肿瘤细胞从基底膜脱落,然后从基底膜的溶解缝隙以变形运动游出,到达周围组织,开始新的生长、发育。

肿瘤细胞能不能在新的地方存活下来,主要是看这个地方的周围环境。能够存活下来的肿瘤细胞都能够躲过免疫监视的、能够耐受缺氧的、与免疫系统非常友好的,甚至免疫细胞还会帮助其生长的。借助这种方式,肿瘤细胞可以侵犯周围的淋巴、血管,最终实现远处转移。

肿瘤细胞表达 ICAM-1 分子明显增加,肿瘤组织的浸润性淋巴细胞高表达 LFA-1(淋巴细胞功能相关抗原),二者可相互识别并紧密结合。肿瘤细胞因上皮 — 间质转变而细胞之间的粘附力下降,易于随淋巴细胞迁移而发生淋巴道转移。肿瘤组织中 ICAM-1 的过度活化可促使过多的可溶性的 ICAM-1 进入血液,竞争性抑制血液循环中 ICAM-1/LFA-1 依赖的 MHC-1 类抗原对游离肿瘤细胞的免疫识别作用,抑制 NK 细胞、杀伤性 T 细胞等免疫效应细胞对肿瘤细胞的杀伤作用,促使肿瘤细胞逃避机体的免疫监视,发生免疫逃逸。

慢性炎症是恶性肿瘤的诱发因素之一。炎症局部细胞刺激分泌 IFN-γ、IL-1 等炎性因子,促进血液中的白细胞与血管内皮细胞黏附,向血管外基质迁移,聚集到炎症部位,发挥杀灭病原菌、降解坏死组织的效应,这个过程主要由 ICAM-1 介导。同时,MMP 表达增加,促进细胞外基质的降解,有利于细胞的迁移。白细胞在选择素作用下附着在血管内皮细胞表面,在血管内皮细胞表面滚动过程中,趋化因子活化白细胞,在 ICAM-1 作用下牢固黏附在内皮细胞表面。继而,白细胞在整合素作用下穿透血管内皮细胞间隙,向基质爬行,最终穿透血管到达炎症部位。肿瘤细胞通过血液运行到达转移灶的过程,与白细胞穿透血管基底膜到达炎症部位的机制几乎完全相同。慢性炎症可以明显增加 ICAM-1、MMP 等蛋白酶的表达,促进肿瘤新生血管形成、促进炎症细胞及肿瘤细胞向基质外迁移。MMP 能够减少肿瘤细胞与基底组织的结合程度,让肿瘤细胞更为松散,利于脱落,MMP 溶解局部的细胞基质成分,导致基膜局部缺损,肿瘤细胞可以借助自身阿米巴运动实现局部浸润与远处转移。另外，MMP也可以促进肿瘤局部新生血管形成，为肿瘤组织生长提供支持，促进肿瘤复发和远处转移。

上皮 — 间质转变与恶性肿瘤转移

上皮 — 间质转变（EMT）与胚胎发育、器官形成、组织器官的改建或创伤愈合、慢性炎症、癌症转移及多种纤维化疾病密切相关。细胞与细胞间黏附结构的动态组装和拆卸，可以促进细胞迁移、侵袭到周围组织。肿瘤细胞间的黏附作用很弱，因而肿瘤细胞的侵袭和迁移能力非常强。大部分恶性肿瘤在确诊时就发生了远处转移。部分早期癌症患者接受了根治手术，即使影像学复查没有发现原位病灶，术后短时间内仍然出现远处转移。这些临床表现都与肿瘤细胞间黏附作用下降有关。

上皮细胞有极性，具有接触性抑制、不能移动的特点。EMT时上皮细胞内会发生一系列的重大变化，分解粘连蛋白和角蛋白，解除细胞间或细胞与基底的黏附，上皮细胞得以释放，细胞失去极性；波形蛋白、纤连蛋白及成纤维细胞特异性蛋白表达增加，上皮细胞黏附能力下降，运动能力增强，可以沿细胞外基质远距离迁移。EMT赋予这些细胞以干细胞特征：抗凋亡、逆分化、远处转移。EMT过程中，上皮细胞需要启动逆分化，激活相应的与胚胎发育相关的基因，即静默基因。肿瘤干细胞是肿瘤侵袭和转移生长的基础，肿瘤细胞的侵袭转移能力与其数量和细胞间连接的缺失有关。肺癌的循环肿瘤细胞发生EMT后，它的生存率和迁移能力增加，能够促进肺癌的转移。EMT还可以通过抑制肿瘤细胞的衰老和凋亡来躲避免疫监视。

涉及EMT的主要通路有转化生长因子-β/Smad通路、Hippo/YAP通路、Wnt/β-catenin通路、PI3K/Akt通路、Src通路、IL-6/STAT3通路、整合素通路、Notch通路、Hedgehog通路以及NF-κB通路等，各通路之间关系复杂，相互影响，协同发挥作用。TGF-β和丝裂原活化蛋白激酶MAPK在起始阶段发挥作用，PI3K/Akt通路在维持期起主要作用。在EMT发生的过程中，Snail会使上皮细胞紧密连接减少，细胞极性丢失，运动性增强，提高肿瘤细胞迁移和侵袭能力，有利于肿瘤局部浸润和向远处扩散。Snail 可以通过 ZEB2 因子调控 EMT 进程。Snail2 可以抑制紧密连接相关蛋白、E- 上皮钙粘蛋白、紧密连接蛋白等黏附分子的表达，破坏细胞的紧密连接，促进肿瘤细胞的侵袭和转移。Snail2 还可通过降解细胞外基质中的各种蛋白成分，诱导 EMT 的发生，增强细胞的侵袭性。

恶性肿瘤的治疗

目前，恶性肿瘤的治疗方法以手术为主，辅助化疗、放疗及生物免疫疗法。但是，这些治疗措施存在较多副作用，治疗效果也难以令人满意。

手术治疗治愈率低

手术是治疗恶性肿瘤的基本手段，单纯手术治疗的治愈率非常低。以晚期的食管癌为例，外科手术切除食管癌，5年生存率仅为19％。手术医生只能将看到的肿物切掉，再结合快速冰冻病理决定是否进行扩大切除。周围淋巴结清扫也属于扩大切除的范围。但晚期食管癌患者出现了淋巴结远处转移，手术扩大切除也无法清除病灶。手术切除的方法对于机体的伤害是不可恢复的，食管切除过多，医生只能将部分胃拉到胸腔，严重影响胃功能。如果食管癌侵犯到周围的组织，与左心房粘连，甚至侵入心房，手术是没有机会将肿物完整切除的。一旦左心房被切破，可以引发左房食管瘘，导致出血、反复脑中风、感染等致命性的并发症。食管癌恶性细胞如果侵入其周围的胸主动脉，术中强行分离肿瘤组织，可以导致主动脉破裂，而诱发失血性休克，甚至直接死亡。

如果某些恶性肿瘤还没有明确原发病灶就已经出现了远处转移，那么，这种恶性肿瘤连手术切除的机会都没有。

化疗药物治疗恶性肿瘤疗效差、副作用大

化学药物治疗简称化疗，分为抗代谢类、抗叶酸类、微管抑制剂、抗血管生成、铂类、激素类等。抗代谢类药物的抗瘤原理是抑制DNA合成，利用嘌呤或嘧啶的类似物如5-氟尿嘧啶，DNA合成时可以加入到新的DNA链中，引起DNA断裂、错配或者移码突变。肿瘤外的骨髓、毛囊、胃肠道等部位的细胞增殖较为活跃，更新也很快，这类药物也会进入这些部位的细胞内，添加到DNA合成中。与肿瘤细

胞一样，正常细胞吸收这些药物后可能会因 DNA 断裂而死亡，或者因基因错配及移码突变而发生基因变异——抑癌基因发生断裂，功能丧失，同时癌基因启动子附近发生移码突变，癌基因促进细胞增殖的作用明显增强，诱发新的肿瘤。DNA 合成酶抑制剂如丝裂霉素、柔红霉素等药物能够干扰 DNA 合成，也可以归于此类。

抗代谢类药物抗瘤的设计基于以下原理：恶性肿瘤细胞增殖速度较快、DNA 合成较为活跃，应用 5- 氟尿嘧啶等药物就可以快速抑制癌细胞的增殖。理想的结果应当是只抑制肿瘤细胞的 DNA 合成，不干扰正常细胞。但是，这类药物并不特异。这些抗代谢药物也可以作用于机体更新较快的细胞，导致再生障碍性贫血、感染、白细胞或血细胞减少、脱发、胃肠道出血、溃疡等并发症，这些并发症轻则影响患者的生活质量，重则致死。

柔红霉素等药物还会产生大量的 ROS，损伤机体重要器官。心脏等器官的细胞内缺少 SOD、过氧化氢酶等抗氧化酶类，对于这类化疗药物特别敏感，容易出现心肌损伤，导致心律失常、心功能不全。为此，临床上还专门产生了一门学科 — 肿瘤心脏病学，并不是研究心脏肿瘤的，而是研究肿瘤治疗对于心脏的影响，研究如何预防与治疗化疗药物对于心脏的不良作用。

以食管癌为例，我们来了解一下化疗药物的疗效。食管癌的常用化疗方案是顺铂联合 5- 氟尿嘧啶。后来，紫杉醇或联合铂类治疗越来越受到关注。2003-2010 年临床数据显示：中晚期食管癌单独使用紫杉醇治疗，3 年生存率为 27%；紫杉醇联合铂类治疗食管癌，3 年生存率为 48%。值得注意的是，化疗药物疗效在这些研究中采用的是 3 年生存率，而不是临床上常用的 5 年生存率，如果使用 5 年生存率，化疗的效果可能更差。化疗药物因治愈率低、耐药、促进肿瘤复发转移等原因，已经越来越不能满足临床的需要。

另外，化疗药物可以明显增加肿瘤的恶性程度，促使恶性肿瘤细胞具备更高的耐药性、更强的侵袭性，其中的机制如下：

1. 化疗药物可以导致癌细胞更为松散，使肿瘤细胞具备更强的增殖和侵袭能力；

2.化疗药物能够筛选出耐药癌细胞和高侵袭性癌细胞；

3.诱导上皮 — 间质转化，恶性肿瘤上皮细胞丧失极性，成为间质表型，具备更强的转移能力；

4.促进促癌基因表达，ras、bcl-2、MTA-1、c-erbB-2、c-myc 等；

5.引起炎症反应，诱导促进转移因子表达，激活 PI3K/Akt，活化 NF-κB，促进 TGF 表达，增加新生血管生成；促进 IL-6、IL-8 表达，前者促进细胞增殖，后者促进癌细胞转移与侵袭。

6.化疗药物可以诱导巨噬细胞 M1 型向 M2 型转化，或者募集 M2 巨噬细胞到局部肿瘤微环境，M2 巨噬细胞能够促进肿瘤生长与转移：促进 VEGF、IL-10、TGF-β 等的表达，VEGF 可以促进肿瘤新生血管生成，IL-10、TGF-β 等可以抑制 NK 细胞、CD8 阳性淋巴细胞杀伤癌细胞。

7.化疗药物促进非免疫细胞表达细胞因子，促进肿瘤转移。诱导内皮细胞分泌 VEGF，诱导成纤维细胞分泌 MMP、趋化因子和细胞因子，重塑细胞外基质，促进肿瘤细胞浸润、转移。

介入治疗

肿瘤介入治疗就是经血管途径来寻找肿瘤相关血管，进行局部化疗、栓塞或者放射粒子治疗，并不是什么新的治疗方法，疗效也非常有限。肿瘤生长发育需要额外的血液供给，肿瘤血管为肿瘤细胞提供更加丰富的营养成分和氧气，也为肿瘤细胞血液途径转移提供必要的途径。

穿刺血管后，经导管注射造影剂，显示肿瘤血管，再经导管送入化疗药物，提高局部药物浓度，杀死杀伤肿瘤细胞。或者经导管注射栓塞剂或栓塞颗粒，引发血管闭塞，导致肿瘤坏死或缩小。

放射性粒子也可以经导管送入肿瘤部位，增强局部放射剂量。放射粒子剂量难以控制，粒子的位置难以控制，放射粒子可以移位到心脏、瓣膜等部位，导致正常组织误照射。

介入治疗常常作为一种辅助手段，往往适用于肿瘤较大、侵蚀重要组织器官无法手术切除的患者。阻断肿瘤血液供给后，肿瘤就可以明显缩小甚至消失，减轻患者局部压迫症状。但这种治疗方法就像外科手术一样，无法将肿瘤细胞彻底清除。

放射线治疗副作用大、疗效欠佳

放射线治疗，简称放疗，利用放射线电离辐射可以杀伤肿瘤细胞的原理来治疗恶性肿瘤，适用于无法进行手术的晚期患者。但是，放疗效果并不尽如人意，而且多数患者因副作用而难以坚持。对于无法进行外科手术的食管癌，放射治疗是主要治疗手段，采用64Gy常规单纯放疗：每次2Gy×32天，5年生存率仅仅0~10%。2019年，国家卫健委规定放射工作人员连续5年每年可以接受的射线照射最大剂量不超过20mGy，任何一年不能超过50mGy，而普通民众可以接受的射线照射最大剂量小于1mGy/年。采用不同的扫描方式，我们体检常用的胸部CT检查所接受的辐射剂量为2~10mGy。

辐射吸收剂量的换算公式为1Gy=1000mGy，简单计算一下，我们就可以看出放疗的剂量有多么恐怖了：食管癌患者一个疗程中接受的辐射剂量是正常人群接受自然本底辐射的6.4万倍，是放射科医生允许受到照射最大剂量的3200倍，相当于每天做200~1000次胸部CT检查！第二次世界大战中，日本广岛市受到美国原子弹的轰炸，事后巴西物理学家对受害者骨骼的辐射剂量进行了测量，平均约为9.5Gy！当然，这是一次辐射的剂量。如果人体接受的辐射剂量为4~9Gy，人就会慢慢死去，如果辐射剂量达到10~20Gy，人几乎会瞬间死亡。因此，食管癌的放疗方案带给机体非常大的伤害—黏膜反应、放射性皮肤溃疡、食管炎、骨髓抑制、心包炎、食管溃疡、食管狭窄、新生肿瘤等。

放射线治疗的理想效果是射线只作用于肿瘤部位，肿瘤周围正常组织不会受到照射。现在放疗所用的射线如X射线、γ射线等，这类射线穿透性较强，可以对人体较深部位进行放射治疗，如同手术刀一样对肿瘤产生破坏作用，人们也对这些治疗射线进行命名，"伽马刀""速峰刀"等等，听起来非常高大上，但我们不要被这些表面的东西迷惑。其实，这些射线的剂量分布非常不合理，肿瘤与周围正常组织接受照射剂量相似。虽然这类射线能够破坏肿瘤细胞 DNA，但是很难将双链 DNA 切断——只有 DNA 双链断裂细胞才会死亡，而单链 DNA 断裂后发生错误拼接的概率明显增加，从而增加了细胞突变的概率。为了增加射线的深度和强度，人们发明出直线加速器或者回旋加速器。但是，加速器会产生次级辐射、感生性放射核素、微波辐射及臭氧和氮氧化合物等（后两者属于过氧化物），这些物质都会危害人体的健康。无论是直线加速器还是回旋加速器，其价格昂贵，治疗费用不菲。

为了减少射线对正常组织的伤害，人们发明了质子 / 重离子加速器。与光子治疗（X 射线）比较，质子 / 重离子的大多数能量沉积在曲线的末端区域，形成布拉格峰，其后能量快速衰减。质子 / 重离子能够切断 DNA 双链，直接杀死肿瘤细胞，而且肿瘤前部受照剂量较小，横向散射也较小，因此，质子 / 重离子加速器可以用于抗阻型、乏氧型肿瘤的治疗。

质子 / 重离子加速器放射性治疗恶性肿瘤疗效较好，但是缺点也非常明显。质子加速器装置价格在 5 千万美元左右，需要较大场地，治疗费用 15~20 万元 / 疗程。重离子加速器装置费用就更高了，1 亿到 1.5 亿美元，治疗费用超过 30 万元。另外，质子 / 重离子加速器的安全性不容忽视。粒子在加速过程中或者使用被加速的粒子时，粒子通过与原子发生相互作用而产生瞬发辐射场，可以产生级联中子、蒸发中子并伴有 γ 射线，这些中子都会慢化为热中子。加速器运行过程中发生的外辐射场主要是中子辐射。初级粒子和次级粒子可以使加速器构件及周围介质活化，如冷却水、空气、土壤甚至地下水，这些物质活化后产生感生放射，放出 γ 射线、β 粒子，形成残余辐射场。残余辐射释放的光子作用于空气，产生臭氧和氮氢化合物，也会伤害人体，污染环境。次级辐射、臭氧等都会导致二次肿瘤的发生，必须注意防护。考虑到这些次生污染，以质子 / 重离子为放疗手段的医院就必须建设在远离人群与市中心的偏远地方。

另外，恶性肿瘤细胞的生长呈浸润性，就像树根、蟹脚一样深入周围组织，放射性治疗难以精准定位肿瘤组织，无法完全清楚肿瘤细胞。

放射性的一个重要特点就是无差别损伤，射线穿过的组织都会受到不同程度的辐射损伤，可以引发正常组织的功能缺失。肺癌放疗后，患者往往出现放射性肺间质纤维化、代偿性肺气肿、肺大泡，诱发或加重呼吸功能衰竭。食管癌放疗患者常见心包炎、心肌病、皮肤溃疡、食管黏膜损伤等。这些辐射所致的次生伤害明显增加患者的痛苦，增加死亡风险。

放射线可以引起电离辐射，导致细胞内产生大量过氧化物，射线和过氧化物对于 DNA 均具有直接的损伤作用，可以导致 DNA 的断裂、基因失活、细胞死亡，也可以引起细胞的恶变。无论是化疗还是放疗，都可以诱发新的恶性肿瘤，发明这些治疗方法的目的是治愈肿瘤，但其结果反而南辕北辙，背道而驰。

放化疗联合治疗的毒副反应更显著

同步放疗联合化疗疗效如何？1999 年临床资料显示，晚期食管癌患者接受 4 个周期的 5-FU 联合顺铂＋同步放疗 DT50Gy/25f，局部复发率为 25%，5 年生存率为 26%。生存率没有明显的改善，同步"化疗＋放疗"的毒副反应却非常显著：46% 的患者发生 Ⅲ～Ⅳ 级毒副反应，6% 的患者死亡，且只有 43% 的患者能够坚持至治疗结束。

恶性肿瘤的手术、化疗、放疗成功率之低，在临床其他疾病的治疗中是完全不能接受的，况且这些治疗方法还伴随如此之高的死亡率！心内科冠心病介入治疗成功率高达 90% 以上，心律失常导管消融成功率也非常高，室上速、室早成功率 95% 以上，房扑、房速成功率在 90% 以上，阵发性房颤成功率可达 80%~90%，持续性房颤成功率也可达到 70% 左右。心内科介入治疗是非常安全的，整体死亡风险约 1/1000。心外科手术技术要求较高，需要更多的团队配合，即使如此，搭桥手术成功率可达 98%，死亡风险仅为 1%。心脏科的医生们难以理解，人们为何对治疗恶性肿瘤的方法存在如此高的容忍度？

极低的成功率伴随较高的死亡率,这些治疗方法居然没有被淘汰!其中的原因就是我们面临的一个残酷的现实:恶性肿瘤真的没有其他更好的治疗方法。

治疗恶性肿瘤的几种新方法

最后我们看一下治疗恶性肿瘤的几种新方法——生物疗法,包括肿瘤疫苗——利用单克隆抗体装载特异性的抗体或药物;靶向治疗——针对特定的信号通路关键分子进行阻断,以期杀伤肿瘤细胞;免疫疗法——体外与肿瘤细胞共孵育以激活免疫细胞,主要是T淋巴细胞,扩增后回输体内,清除肿瘤细胞。

靶向药物治疗

恶性肿瘤细胞与正常细胞共用代谢信号通路,并无特异的信号分子,与周围正常组织比较,这些信号通路分子表达仅仅增高或减少而已。2002-2009年的临床研究发现,宫颈鳞状细胞癌中VEGF表达显著上调,VEGF过表达的患者宫颈癌预后较差,肿瘤复发组的血清VEGF水平显著增高。这些信号通路是正常细胞新陈代谢、生长发育过程中所必需的,任何阻断或抑制信号通路中的关键分子的药物都可能导致细胞的功能异常、组织或器官功能衰竭,甚至机体的死亡。针对信号通路关键分子的靶向治疗存在较多问题,疗效不佳,副作用较大。

我们通过临床上市的药物来看一下靶向治疗的具体疗效。

贝伐珠单克隆抗体(单抗)可以抑制新生血管的生成、减少肿瘤的血供、抑制肿瘤生长,还能够改善肿瘤血管的紊乱无序状态,使化疗药物更容易进入肿瘤内,可增加肿瘤对化疗的敏感性。2009-2017年临床研究显示,贝伐珠单抗联合化疗治疗宫颈癌,中位总生存期为7.3~13.3个月。这种抗体针对肿瘤新生血管,但肿瘤血管与正常血管基本结构和组织特征相差无几,这个靶点并不特异。

表皮生长因子受体单抗理论上可以抑制肿瘤的生长和侵袭。2009年临床研究显示,西妥西单抗单独或联合化疗治疗复发或残留宫颈癌，均未获得明显的生存获益，且不良反应较大。2010 年临床研究拉帕替尼和帕唑帕尼的疗效，患者的生存获益不显著。2014 年，埃罗替尼在进展期的宫颈癌中单独使用未显示出疗效。同年的临床研究发现，拉帕替尼应用于宫颈癌的客观反应率仅为 5%。VEGF 在血管新生中发挥重要作用，但并不仅见于肿瘤血管，正常血管中 VEGF 也非常重要。26% 左右的宫颈癌患者接受 VEGF 受体单抗治疗后引发宫颈 — 膀胱瘘管、宫颈 — 直肠瘘管或者阴道 — 直肠瘘管，这是损伤宫颈与膀胱、宫颈与直肠之间的血管造成的。这些瘘管明显增加感染的概率，增加肿瘤患者的死亡率。

免疫疗法

免疫疗法主要是通过激活患者的免疫系统来清除恶性肿瘤细胞，达到治疗恶性肿瘤的目的，从"被动治疗"变为"主动治疗"。免疫疗法主要分为两种方法，肿瘤疫苗和细胞过继回输免疫治疗。肿瘤疫苗能够治愈恶性肿瘤的前提是我们能够找到肿瘤特异性抗原，这类抗原应当是肿瘤表达，而正常组织不表达或者极少表达。令人遗憾的是，恶性肿瘤细胞几乎不表达特异性抗原，以躲避免疫监视，并实现免疫逃逸，这也是恶性肿瘤能够生存、生长、转移的主要原因。其他类型的抗原，组织分化抗原、突变基因编码抗原、病毒抗原、过量基因表达抗原等均没有特异性，这些抗原所诱导的抗体为广谱性的，其临床效果非常有限。现在，肿瘤疫苗治疗方法已经很少使用。

免疫细胞过继回输治疗就是在体外将培养的淋巴细胞或巨噬细胞激活、扩增，回输给肿瘤患者的方法。白介素、干扰素等细胞因子常常用于激活这些免疫细胞，疗效取决于体外细胞扩增效率、肿瘤细胞的杀伤能力及其体内活性。这种方法副作用也非常明显，白介素等细胞因子的作用并不特异，可以作用于机体的任何组织细胞，诱发肾衰、口炎、高热及全身反应等。免疫细胞大量增殖、激活后，产生大量的炎症因子和 ROS，导致高细胞因子血症而诱发肺脏、肝脏、肾脏、心脏等重要器官衰竭而死亡。

最近，较为火爆的 CAR-T 细胞疗法也属于免疫治疗的范畴，每次治疗费用高达 120 万元，疗效据说能够达到"临床缓解"！ CAR-T 全称是嵌合抗原受体 T 细胞免疫疗法，抗原是肿瘤细胞的抗原，T 细胞是肿瘤患者体内的 T 淋巴细胞。这种疗法价格高，主要原因是需要较多的实验室操作，需要较为先进的细胞分离、抗原融合、细胞扩增等技术。T 淋巴细胞是人体内的主要杀伤细胞，可以通过吞噬、形成穿孔素、产生细胞因子及过氧化物等方式杀灭细菌、病毒、恶性肿瘤细胞等等。医生将患者的 T 淋巴细胞分离出来后，在实验室将恶性肿瘤细胞表面抗原通过病毒载体安装到 T 淋巴细胞表面，然后回输患者体内，这些 T 细胞就能够快速、准确地与恶性肿瘤细胞结合，并杀灭肿瘤细胞。

然而，这种技术存在最大缺陷——恶性肿瘤细胞表面没有特异性抗原，如何做到只杀伤肿瘤细胞而避免损伤正常细胞？另外，最为可怕的是，体外扩张的大量 T 细胞快速回输体内后，短时间内形成一种高炎症、高细胞因子状态，T 细胞产生的细胞因子、过氧化物可以损伤机体的任何器官！这种情况与病毒感染所致的重症肺炎机制极为类似，高细胞因子血症诱发高浓度 ROS，最终导致多器官衰竭而死亡。T 细胞回输的前两个星期内，患者会出现高热、寒战、呼吸困难、疲劳、皮疹、肌肉疼痛、头痛、谵妄、水肿、少尿、低血压等症状，可以出现呼吸、消化、循环、泌尿、血液及神经等系统衰竭，最终导致死亡。CAR-T 疗法伴随的高炎症因子状态发生率高达 40%，接近一半的患者没有被恶性肿瘤细胞吞噬，却因这种治疗失去生命。目前来看，CAR-T 疗法发生不良反应是不可避免的，只是不良反应存在差别而已。

总之，肿瘤治疗中手术、免疫治疗疗效不佳，并发症多、复发率高；化学药物治疗和放射线治疗副作用大，而且可以诱发新生恶性肿瘤。恶性肿瘤的治疗状况进退维谷、难尽人意。

预防恶性肿瘤的主要策略

恶性肿瘤的发病机制是一个时间累积事件，是机体对于一些慢性损伤的一种反应。现实中无论我们采用什么治疗手段都无法实现时间的逆转，无法逆转不良习惯对于机体的损伤。另外，早期癌症又难以发现与诊断。那么，较为现实的、效果最好的做法是前进一步：预防恶性肿瘤。

如何预防恶性肿瘤？简单总结，就是积极地抗氧化、努力减少过氧化物产生或摄入！

我们需要大力宣传吸烟、饮酒等不良习惯的危害，减少烟民、酒友的数量。同时，努力倡导健康的生活习惯，注重低温烹饪，增加新鲜蔬菜水果摄入。由于蔬菜水果含有的维生素 C、E 的抗氧化能力有限，我们还需要积极寻找更为强大的、副作用较小的抗氧化药物。我们已经发现并在临床上获得证实的抗氧化药物，疗效显著、毒性非常小，可以应用于临床多个领域内，我们将在另外的专著中进行进一步分析与阐述。

下面我们来介绍一下与癌症相关的信号通路，以此说明癌症的复杂性、调控的难度、治疗方面的困惑及预防癌症的重要性。

癌症相关的信号通路

　　人体细胞从基因突变到恶性肿瘤细胞形成再到肿瘤细胞增殖新生血管形成，再到局部浸润、直至远处转移，其间发生了多条信号通路的异常。细胞因子及其通路在肿瘤和正常细胞中发挥作用的机制类似。癌症信号通路也是正常细胞发育、增殖、迁移、分泌等功能必不可少的通路，两者之间没有明显差别。抑制某个信号通路可能会引起矫枉过正，导致新的不平衡出现。

　　肿瘤细胞是由我们正常的细胞突变而来，原本存在的信号通路被肿瘤细胞"拿来"使用了。这些信号通路的本质并没有发生改变，仅仅是因肿瘤生长、浸润及远处转移的需要，某些信号通路"加速"运作，某些通路被抑制而已。经过"层层筛选"，这些激活的信号通路高效运转但并不特异。这样，肿瘤细胞才能躲过免疫细胞的"追杀"，持续不断地"窃取"机体的营养物质，不断地生长并挤压周围组织器官，逐步"渗透"到相邻器官。同时，肿瘤细胞还会利用这些信号通路转移到新的"根据地"，再次生长发育，破坏远处的组织与器官。

　　随着基础研究的不断深入，这些经典信号通路可能还会有其他功能不断被发现，而且对于机体组织而言，其功能是必不可少的，不能被轻易阻断。同一信号通路由于上游信号因子的不同，其产生的效应可能完全相反，本来可以抑制肿瘤的变为促进肿瘤形成。不同信号通路可以产生相似的效应，多条信号通路可以共用同一个关键分子如MAPK、NF-κB等。同一种信使可以激活不同的信号通路，产生不同的效应。

　　信号通路之间会发生相互作用，细胞因子之间也会相互影响，肿瘤细胞与周围环境细胞之间也会发生对话。理论上，与细胞代谢、增殖、迁移、运动相关的及与新生血管形成相关的信号通路都可能参与肿瘤的形成、侵袭与转移。这些信号通路并不是孤立的，与其他信号通路之间存在相互影响，形成相互作用的错综复杂的关系。以下罗列的 10 条信号通路用于说明肿瘤发生、发展的复杂性，感兴趣的可以了解一下。

以 Notch 信号通路为例，重点阐述癌症信号通路的复杂性。

Notch 信号通路是较少的，能够反复调节细胞增殖和凋亡的信号传导系统。Notch 信号通路与细胞的分化、增殖、凋亡、黏附及上皮 - 间质转化有密切联系，对大多数组织的正常发育至关重要。Notch信号通路对细胞生长发育主要的作用是调节细胞分化和组织发生。在细胞分化过程中，Notch 信号通路的功能有 4 个方面：① 参与胚胎发育。② 参与 T 细胞发育。③ 维持造血干细胞的自我更新。④ 调节血管生成。Notch 信号通路异常调控可引起组织发育异常，并可能导致肿瘤的发生。Notch 信号通路在肿瘤发生、发展中具有重要作用，可以维护细胞未分化状态；参与细胞命运的决定；诱导细胞终末分化；调节肿瘤血管新生。Notch 受体在配体活化作用下，通过一系列分子间的相互作用，依据不同的组织或细胞背景，对肿瘤细胞的增殖、分化、凋亡等过程发挥不同的调控作用。

Notch 信号通路及其生理效应

Notch 信号通路最初的生理功效是抑制细胞分化，维持其幼稚状态，从而保证诱导性因素更易引起细胞的多样性变化，Notch 信号可以抑制 T 细胞发育、粒细胞的分化、神经发生和肌肉形成。其实，Notch 信号通路不仅具有上述作用，还能够直接诱导细胞的依次分化。在哺乳动物胚胎器官的形成过程中，Notch 受体与配体大量表达，并对三个胚层分化为各组织起到很重要的作用。在不同种类的细胞中，Notch 信号可以抑制或促进细胞的分化，在哺乳动物胚胎的器官发生过程中，Notch 受体及其配体均有广泛的表达。

1. Notch 受体与配体的结构

完整的 Notch 信号通路由 Notch 受体、配体、细胞内效应分子、DNA 结合蛋白及 Notch 的调节分子等组成。Notch 受体为单链跨膜蛋白，其分子由胞外域和胞内域两个亚基组成异二聚体，具有高度保守性。目前，哺乳动物中发现4种Notch基因（Notch1、Notch2、Notch3、Notch4），各亚型的主要差异在EGF样重复序列的数目和胞内域的长度。Notch配体亦为细胞表面表达的单链跨膜蛋白，人的Notch配体有Jagged1、Jagged2、Delta1、Delta3、Delta4，其胞外区含有不等的EGF样重复序列及N端DSL结构域。

2. Notch信号通路的激活

经典的Notch信号通路亦称CBF-1/RBP-Jκ依赖途径。CBF-1/RBP-Jκ是转录抑制因子，能够特异性地与DNA序列"CGTGG-GAA"相结合，并招募SMRT、SKIP、1/2型组蛋白去乙酰化酶等蛋白形成共抑制复合物，抑制下游基因的转录。该通路的激活需要三步：Notch受体前体蛋白在furin样转化酶作用下裂解产生ECN和TM两个亚基，ECN和TM以二硫键连接在一起，形成异二聚体形式的Notch受体，位于细胞膜表面。配体结合到胞外区后，在金属蛋白酶作用下，Notch蛋白在S2位点裂解为2个片段，其中C端裂解产物在S3位点被γ-Secretase蛋白酶切割后释放-NICD，这是Notch蛋白的活化形式，-NICD进入细胞核内发挥传递信号的作用。

3. Notch信号途径的调节

Notch信号受胞内和胞外蛋白的调节，胞内蛋白有Delex、Numb等，胞外蛋白有Fringe、Wingless等。细胞核内的Notch信号通路调节较为复杂，与NF-κB、EMb-5等多种转录因子及调节蛋白有关。同时，Notch信号通路还受到泛素化相关蛋白及自我反馈的调节。Notch信号通路在调节多细胞机体细胞凋亡和增殖方面也发挥重要作用。TNF信号能够激活Notch2并上调其表达，通过调节凋亡的关键调节剂诱发细胞凋亡。

4. Notch信号通路异常与肿瘤

Notch信号通路在肿瘤的发生和进展中发挥重要作用，紊乱的Notch信号通路能够直接引起肿瘤的发生，也可以通过与其他信号通路的交互作用，以间接的方式诱导肿瘤。在前列腺癌、乳腺癌、子宫颈癌等多种肿瘤细胞中，均存在 Notch 受体及配体的异常表达。作为促癌基因，Notch 信号通路在乳腺癌、胃癌、胰腺癌、结肠癌等肿瘤中高表达。作为抑癌基因，Notch 信号通路在皮肤癌、食管癌、肝癌、前列腺癌、小细胞肺癌等肿瘤中表达降低。在宫颈癌中，Notch 信号通路则表现为双重作用。这些临床研究表明，Notch 信号通路与肿瘤发生和发展的关系极为复杂。

肝细胞肝癌中，Notch1 的表达明显上调。肝癌细胞与周围组织细胞相比，癌细胞胞质中 Notch1 和胞核中 Notch4 高表达，Notch2 低表达。

不同类型肺癌中有不同的 Notch 组分表达，在非小细胞肺癌细胞中，Notch1、Notch3 表达很常见，而很少在小细胞肺癌细胞中表达。在小鼠体内，配体 Jagged2 能够通过一种依赖 miR-200 的通路促进肺腺癌的转移。高表达组成性的 Notch1 可抑制肺腺癌 A549 细胞株的生长。

在人乳腺上皮细胞中，Notch 可以增强 Wnt 信号的致癌转化作用；在纤维母细胞中，TGF-β 通过下调 Notch3 信号以促进平滑肌基因的表达。Notch1 在正常乳腺组织中低表达，在乳腺癌组织中其表达增加 3 倍以上。在乳腺癌细胞中，Notch1、Notch2 及 Jagged1 都有不同程度的表达。高表达的 Notch1 增加人类乳腺癌的恶性程度，肿瘤细胞多表现为低分化状态，这类患者的生存率较低。

Notch1 表达增加可导致胃腺上皮细胞增殖过度，凋亡减少，并通过上皮 — 间质转化导致腺上皮细胞癌变。Notch1 可以促进 VEGF 表达，调控肿瘤新生血管的形成，参与胃癌的侵袭和转移。

Notch 信号通路的异常表达可导致脑肿瘤的发生。Notch1 信号通路可以调节肿瘤干细胞的分化，抑制 Notch1 信号可导致大脑神经胶质瘤干细胞的比例减低，抑制肿瘤细胞增殖。

随着鼻咽癌恶性程度的增高，Notch1 的表达水平也明显下降，提示 Notch1 具有一定的抑癌功能。Notch 信号通路如何从促进肿瘤生长发育转变到抑制肿瘤，Notch 信号通路在不同组织细胞中所起到的作用为何差别如此大，其中的调节机制还需要深入研究。

5. Notch 信号异常表达与肿瘤发生的分子机制

Notch 信号通路可通过促进细胞增殖和抑制细胞凋亡而诱发肿瘤。Notch 信号通路通过维持细胞大小、促进细胞的葡萄糖摄取和新陈代谢、激活 PI3K/AKt 和 NF-κB 通路促进细胞增殖，通过抑制 p53 的表达、抑制 C-JunN 末端激酶的活性、激活 PI3K/AKt 及 NF-κB 通路抑制细胞凋亡。活化的 Notch1 可以通过增强 CDK2 和 CyclinD 的活性而促进细胞周期的进程。Hes1 是 Notch 受体蛋白的靶基因，Hes1 蛋白能够抑制 Cyclin 依赖性激酶抑制因子 p27 的转录而促进细胞增殖。S 期激酶相关蛋白 (SKP) 高表达和 p27 的低表达能加速细胞周期的运转。活化的 Notch1 可以促进 SKP2 的表达，同时增强蛋白酶体介导的 p27 降解。另外，SKP2 也促进 p21 的降解，进一步增强 Notch 信号通路促进细胞周期进程的作用。

Notch 信号能增强 PKC 的活性、增加其穿过胞膜及核膜的能力，PKC 通过 IKK/NIK 复合物增强 NF-κB 的活性，诱导 p50/p65 异源二聚体入核，启动 CyclinD1、Bcl2-A1 以及 L7 受体 α 基因，最终增强细胞的存活能力。Notch3 还能与 pre-TCR 通路共同调节 NF-κB 的活性，导致不同 NF-κB 亚单位二聚体的形成，调节不同细胞分化和增殖的基因簇。

过度激活的 Ras 信号能够增加 Notch1、Notch4 蛋白的表达。Ras 信号诱导肿瘤生成也需要 Notch 信号的存在。Notch 信号通路可以被 Ras 通路激活，与 Ras 通路形成一种正反馈回路，参与肿瘤的形成。

Notch 信号通路诱导肿瘤还可能与 TGF-β 信号通路有关。在肿瘤发生的早期，TGF-β 是肿瘤抑制因子，它能抑制大多数上皮细胞的增殖。活化的 Notch1 通过抑制 Smad3 的转录辅助激活因子 P300，可阻断 TGF-β 的肿瘤抑制作用。因此，Notch 信号激活的细胞能对抗 TGF-β 的生长抑制作用，促进其致瘤性转化。在肿瘤生长阶段，TGF-β 则通过 Notch 信号通路诱导上皮 — 间质转化，促进肿瘤细胞的侵袭和扩散。

总之，肿瘤细胞中存在 Notch 信号通路的紊乱，肿瘤的发生、发展与 Notch 受体表达异常有关，Notch 信号通路的异常也影响肿瘤血管生成。Notch 信号通路与其他信号通路存在较为广泛的联系，参与肿瘤细胞产生、上皮 — 间质分化、肿瘤血管形成以及远处转移。因此，调节 Notch 信号通路可能是肿瘤治疗的一个新途径。但是，Notch 信号通路在不同组织中发挥不同的促癌或抑癌作用。因此，Notch 信号通路在特定肿瘤中的作用机制完全清楚后，才能够将其作为一个肿瘤治疗的靶点。

ATM 信号通路

ATM（毛细血管共济失调症）蛋白是一种丝 / 苏氨酸蛋白激酶，其主要作用是在 DNA 双链断裂后启动修复途径，增加基因组的稳定性以及控制细胞的生存，ATM 基因一直被认为是一个抑癌基因。但是，ATM 依赖的信号通路也具有促进肿瘤细胞生存、抵抗放疗、化疗等促进肿瘤发展的特性。DNA 双链断裂会引起 ATM 二聚体的解离，形成活化的单体，从而引起其下游 CHK2、p53 等众多底物的磷酸化。ROS 也可以激活 ATM 信号通路。Fas 与 TRAIL 死亡受体与 ATM 信号通路之间存在相互作用。Fas 受体和 TRAIL 受体均属于死亡受体家族，都可通过与特异性的配体结合从而激活外源性诱导的细胞凋亡通路。

CaN/NFAT 信号通路

钙调神经磷酸酶 (CaN)/NFATs（活化 T 细胞核因子）是受 Ca^{2+} 浓度影响的钙调节蛋白，在破骨细胞的分化、作用和生存中起着至关重要的作用。

RANKL(NF-κB 配体受体激活因子) 主要表达于骨基质细胞和成骨细胞，其与表达于破骨细胞前体细胞上的 RANK 结合，促进破骨细胞的形成。RANK/RANKL 信号通路所引起的细胞内 Ca^{2+} 依赖的信号通路活化，是通过 Src 酪氨酸激酶对 PLC 影响，而 Src 酪氨酸激酶与 RANK/RANKL 信号通路偶联是通过胞浆衔接蛋白 TRAF-

6(肿瘤坏死因子受体相关因子 6) 实现的。

RANK/RANKL 信号通路引起 CaN/NFAT 信号通路活化很可能是通过下面两条途径：① TRAF-6/Src 激活 PLC，导致细胞内 Ca^{2+} 浓度升高从而活化 CaN，活化 CaN 使胞浆中 NFATcl 脱磷酸化并迅速向核内转位；② TRAF-6/Src 激活蛋白激酶 B，其具有磷酸化作用并且抑制糖原合成酶 -3(NFATcl 主要的抑制激酶)，因此，阻碍糖原合成酶 -3 对活化的 NFATcl 的磷酸化并且阻碍其向细胞浆移动。RANKL 选择性地诱导 NFATcl 的表达，同时，RANKL 引起 Ca^{2+} 浓度变化导致 CaN 调节的 NFATcl 的活化，因此，在破骨细胞分化的过程中上述变化引起依赖 NFATcl 转录程序的持续活化。

NFATcl 通过提高 c-myc 癌基因的转录活性增强胰腺癌肿瘤细胞的恶性程度。NFATcl 和 NFATc2 的活化上调 COX-2 的转录，COX-2(环氧合酶 2) 在上皮来源肿瘤的发生中起着关键的促进作用。

WNT 信号通路

Wnt 是细胞内的重要蛋白分子，与神经细胞的发育、存活、凋亡以及神经系统肿瘤的发生等多种生物学事件有关。Wnt/ β -catenin 信号通路具有明确的抗凋亡作用。WNT 信号通路并不是单一的通路，而是与很多信号通路形成复杂的网络，共同参与细胞内多种复杂的生理生化反应过程。WNT 信号网络和 RTK 介导的信号网络是细胞内两个重要的信号网络，这两个信号网络参与众多的生理病理过程，且两者之间存在广泛的交联。WNT 信号通路与 Notch 信号通路也存在相互作用，在恶性肿瘤发生发展中发挥作用。

Gankyrin 信号通路

Gankyrin(Gann 锚蛋白重复序列) 在细胞周期进程、细胞凋亡和肿瘤发生发展中扮演着重要的角色，主要与慢性炎症相关的恶性肿瘤相关。Gankyrin 在结直肠癌、肝细胞肝癌、胆管癌、胃癌、胰腺癌等多个肿瘤组织中高表达。在肿瘤中，Gankyrin 可通过抑制抑癌基因 p53 和 Rb 来抑制肿瘤细胞凋亡，并与 IL-6/STAT3，Wnt/

β-catenin, IL-1B/IRAK-1, HIFα/cyclinD1, β-catenin/c-My-c, mTORC1, YAP, Ras/RhoA/Rock, PI3K/GSK-3β/β-caten-in, RhoA/ROCK/PTEN/PI3K/Akt 等常见的信号通路密切相关，其在肿瘤发生、发展、转移、耐药及预后方面扮演着关键的角色。

Gankyrin 与含有 SH2 结构域的蛋白酪氨酸磷酸酶 -1(SHP-1) 相互作用来诱导信号转导与转录激活因子 3(STAT3) 和 MAPK 的活化，诱导肿瘤坏死因子 (TNF-α) 的产生。SHP-1 主要表达在造血源性细胞质中的蛋白酪氨酸磷酸酶，可通过去磷酸作用负性调控 STAT3、ERK、JNK 和 p38，影响细胞增殖、分化和凋亡。炎症细胞中，Gankyrin 通过与 SHP-1 相互作用来促进 STAT3 的活化和 TNF-α 及 IL-17 的产生，导致炎症加重。肿瘤细胞中，这些细胞因子增强 MAPK 的活化和上调结肠干细胞标志物的表达，促进结肠炎相关性结肠癌的发生。Gankyrin 还可诱导 IL-8 的表达和上调细胞周期蛋白 D1 来促进细胞迁徙与肿瘤转移。

Gankyrin 可通过抑制细胞凋亡和调控细胞周期进程来促进肿瘤细胞增殖。Racl 蛋白能够激活 JNK，影响细胞凋亡。Gankyrin 过表达可增加依赖于 RhoA 的 Racl 的活动；激活的 Racl 导致 JNK 活化，JNK 通路与调节细胞应激反应、细胞凋亡、恶性转化和肝癌发生发展有关。IL-1d 与 IL-1 受体 (IL-1R) 相互作用，导致髓样分化因子 MyD88 激活和 IL-1 受体复合体招募。磷酸化的 IRAK-1 与肿瘤坏死因子受体相关因子 6 相互作用来激活 JNK。NF-αB 在细胞凋亡中的作用是条件依赖性的，可以促凋亡或抗凋亡，IαBs 和 Gankyrin 蛋白在结构上是相似的，Gankyrin 能够与 NF-αB 相互作用并起到抑制作用。在胆管癌转移过程中，Gankyfin 通过 IL-6/STAT3 信号通路来促进胆管癌的转移，Gankyrin 通过促进 Rb 磷酸化来上调 IL-6 的表达，同时 IL-6 的上调也可增加 Gankyfin 的表达，它们之间形成一个正反馈环。

G 蛋白偶联受体信号通路

G 蛋白酶家族成员众多，包括 Ras 及 Rap1 等蛋白酶，Ras 蛋白与囊泡转运、细胞核内运输、细胞骨架重整及细胞周期进展等密切相关，广泛参与多种肿瘤的发生、维持与进展。Rap1 与 Ras 蛋白序列相似，与细胞粘附和整合相关，提高肿瘤细胞对周围组织的浸润，增加细胞远处转移。

G 蛋白偶联受体信号通路在正常生理功能中发挥着多种作用，调控激素、神经递质、生长因子、气味和光等介导的生理行为。Ga12/13 家族调控细胞骨架，和细胞迁移有关，持续激活的 Ga12 突变体，可以增强细胞的运动能力，介导癌细胞的侵袭过程。同时，Ga12 和 Ga13 的直接下游通路也参与肿瘤细胞侵袭过程：激活细胞存活信号，MAPK 通路和小 G 蛋白（如 Ras，Rac 和 Rho）通路。

Hedgehog(Hh) 通路

哺乳动物中，Hh 信号通路在胚胎发育、维持组织内环境稳定、慢性炎症的组织修复、癌症发生等多种进程中发挥着重要作用。Hh 信号通路包括 Ptch1、Ptch2 及 Gli1 基因，其他相关基因包括与 Hedgehog 相互作用的蛋白基因 Hhip、与细胞周期调控相关的 CCND2、CCNE1 基因、与凋亡调控相关的基因 BCL2、MYCN、ABCG2、FGF4、VEGFA、PAX6、7 及 9、FOXM1、JAG1 等，以及与 Wnt 信号通路相关蛋白的基因。

多种肿瘤包括基底细胞癌、胃癌、胰腺癌、结肠癌、乳腺癌、小细胞肺癌、髓母细胞瘤和神经胶质瘤等的发生都与 Hh 信号通路的激活关系密切。Hh 基因作为重要的内胚层信号参与上皮 - 中胚层之间的相互作用，调节胚胎的胃肠道形成、发育，维持胃肠道的组织恒定和上皮细胞的功能。

Hedgehog 信号通路与 mTOR/S6K1、Wnt、TGF-β、EGFR、MAPK、FGF 等信号通路有着广泛的联系。

TGF-β 绕过了 Hh 通路中传统的 Ptch/Smo 轴，通过 Smad 信号通路诱导成纤维细胞 Gli1 和 Gli2 的表达。胃癌细胞中，TGF-β 通过激活 ALK5/Smad3 通路调控 Shh 活性。癌细胞中，RAS-MEK/Akt 通路调节 Gli 转录分子的亚细胞定位和蛋白稳定性，RAS 通路对 Gli

的激活也不依赖 Hh 通路。Gli 蛋白是 Hh 通路独有的下游靶点，也是肿瘤形成信号网络中的常见效应分子，与其他通路共同参与胃癌的发生和发展。

mTOR 信号通路

哺乳动物雷帕霉素靶蛋白（mTOR）是一种非典型的丝 / 苏氨酸蛋白激酶，其 C 末端与 PI3K 的催化结构域高度同源，又属于 PI3K 相关蛋白家族，在调控细胞生长、增殖、细胞周期等方面发挥重要作用。PI3K/Akt/mTOR 通路的激活与脑胶质瘤、乳腺癌、卵巢癌等多种肿瘤发生密切相关，能够加速细胞周期、减少细胞凋亡、促进肿瘤细胞迁移。生长因子激活 mTOR 的信号通路是通过 PI3K/Akt 途径来实现的。活化的 PI3K 可激活下游的 Akt，Akt 增加肿瘤细胞耐受凋亡诱导、细胞生长代谢异常的能力。Akt 下游的底物包括糖原合成酶激酶、3、6-磷酸果糖激酶 -2、BAD 蛋白、iNOS、mTOR、遗传性乳腺癌与卵巢癌易感基因 (BRCA1)，其中的 mTOR 可以引起肿瘤细胞的快速增殖、癌蛋白分泌增加、细胞周期加快、G1 期时程缩短，促进肿瘤的迅速发展。

此通路的负反馈凋节剂是 10 号染色体上缺失与张力蛋白同源的磷酸酶基因 (PTEN)。PTEN 是一个肿瘤抑制基因，位于人体染色体 10q23。它有一个蛋白酪氨酸磷酸酶结构域，可以将 PI-3，4-P2 与 Pl-3，4，5-P3 去磷酸化，从而负凋节 PI3K 下游 AKt/mTOR 信号通路的活性。

Notch 信号通路

该通路在肿瘤中的作用前已述及。

HGF/c-Met 信号通路

肝细胞生长因子 / 肝细胞生长因子受体（HGF/c-Met）通路能诱导细胞增殖、分散、迁移、器官形成、血管形成等生物效应，在组织修复和胚胎发育起重要作用。HGF/c-Met 结合后激活受体酪氨酸激酶，引起 c-MET 自磷酸化，然后磷酸化效应蛋白 GAB1、GRB2、PLC 及 SRC，这些分子共同激活 RAS-MAPK 和 PI3K-Akt 下游通路，再通过其介导的转录因子 -E26 转录因子家族和 NF-κB 影响基因表达和调控细胞周期。ERK-MAPK 信号通路与 HGF/c-MET 信号通路偶联，可以影响胚胎发育、肌源性细胞迁移和肝脏生长。

Hippo/YAP 信号通路

在人类多种正常组织中，YAP 都有一定量的表达，过表达会促进正常组织的生长，造成组织器官的增大，甚至诱发癌变。YAP 失活则会导致组织器官的老化、萎缩。Hippo 信号通路收到上游转录信号刺激，进行磷酸化级联反应，阻止 YAP 入核，抑制细胞生长发育，从而严格控制细胞数量和组织器官的大小。YAP 具有促进细胞增殖，抑制细胞凋亡，导致细胞间接触抑制丧失、诱导细胞恶性转化的作用。在哺乳动物中，Hippo 信号通路中的级联因子通过磷酸化负性调控 YAP 的水平，当 Hippo 通路中的某些调节因子发生突变或缺失时，下游 YAP 的活性增强，进而诱导一些细胞生长相关蛋白，如细胞周期蛋白 E、果蝇凋亡抑制蛋白 1 的表达增加，促进细胞增殖和侵袭，抑制细胞凋亡。YAP 可以促进肿瘤的发生，但在 DNA 损伤时，YAP 具有促凋亡的作用，早幼粒细胞 PML 募集 YAP 及 p73 蛋白到细胞核内，作为转录辅助激活因子，YAP 可以增强 p73 相关凋亡基因的转录；YAP 是介导 C-Jun 依赖性凋亡的重要蛋白质。

参与细胞增殖、分化的与肿瘤相关的信号通路也是机体炎症反应、免疫应答的重要信号通路，下面罗列一下参与脓毒血症的信号通路。

MAPK 信号通路

MAPK 蛋白属于丝氨酸激酶类，是多种信号通路的中心。细胞受到生长因子刺激后，MAPK 在 MAPKKK 及 MAPKK 逐级磷酸化后激活，转移至细胞内，磷酸化其下游的细胞因子，这些具有转录活性的细胞因子包括 NF-κB、TNF-α 等。

MAPK 家族中的重要成员包括 ERK、JNK 和 P38 等亚家族。ERK 参与细胞增殖与分化的调控；JNK 家族是细胞应对辐射、渗透压、温度变化等各种应激源的关键分子；P38 家族介导炎症、凋亡等应激反应。P38 家族促进免疫细胞前炎症因子的表达，包括 IL-1β、TNF-α、PG-E2、COX-2 和 IL-12、IL-8、IL-6 及 IL-3。另外，P38 家族还调控 VCAM-1 的表达，参与细胞增殖及分化。P38 家族和 NF-κB 共同促进细胞趋化因子分泌，诱导炎性细胞和细胞因子在肺内聚集，导致肺泡上皮细胞破坏和肺泡毛细血管内皮细胞受损，最终进展为急性呼吸窘迫综合征。

NF-κB 信号通路

静息状态下，NF-κB 位于胞浆中，P50/P65 两种亚基组成二聚体，并与抑制亚基 IκB 结合。IκB 激酶催化 IκB 亚基磷酸化后，IκB 亚基降解并脱落，NF-κB 被激活。

NF-κB 激活后可以向细胞核内转移，与多种炎性介质的启动子结合，促进这些细胞因子的表达，这些细胞因子包括 IL-1α、IL-6、IL-1β、干扰素-γ、TNF-α、Bcl-2、Bcl-XL、iNOS、COX-2、PGF 等，诱发高细胞因子血症，同时促进免疫细胞及内皮细胞释放大量过氧化物，促进脓毒血症的发生。NF-κB 激活后还能够促进 ICAM、VCAM 及前列腺素等的表达，血管通透性增加，促进细胞增殖，诱导局部血栓形成，最终可导致多器官功能衰竭。

NF-κB 信号通路与其他通路还存在着相互影响、相互作用。IKKs 是 IκB 激酶，激活后磷酸化 IκB 而诱发具有抑制功能的 IκB 脱落，NF-κB 就可以进入细胞核内促进相关基因表达。其他信号通路的关键酶主要通过磷酸化 IKKs 来影响 NF-κB 的，每种激酶磷酸化的位点不尽相同，Src 激酶磷酸化 IKK-β 的 188 位及 199 位酪氨酸，IKK-β/NEMO 磷酸化 IKK-α 的 176 位及 180 位丝氨酸，而 PI3K-Akt 磷酸化 IKK-α 的 23 位苏氨酸残基。致癌基因 Ras 需要 PI3K-Akt 作用下才能激活 NF-κB，IKK-α 和 IKKβ 可以磷酸化并激活 WNT 通路的 β-catenin，从而促进炎症因子表达。

PI3K/Akt 信号通路

胞外信号分子与细胞表面 G 蛋白偶联受体结合,激活磷脂酶 C,水解质膜上 4,5-二磷酸磷脂酰肌醇为 1,4,5-三磷酸肌醇(IP3)和二酰基甘油(DG)两个第二信使。磷脂酰肌醇 3 激酶(PI3K)蛋白家族参与细胞存活、生长、代谢和血糖稳态等多种细胞功能的调控。

IP3 与内质网生的钙通道结合,胞内钙离子浓度升高,激活各类依赖钙离子的蛋白;DG 结合于质膜上,可活化质膜结合的蛋白激酶 C(PKC),从而发挥生物学效应。IP3 激活的下游主要效应物为 AKT,亦称蛋白激酶 B(PKB),活化的 AKT 通过磷酸化转录因子及激酶以调节细胞功能。AKT 可以磷酸化 GSKβ 并抑制其活性,促进葡萄糖的代谢和调节细胞周期,并间接提高 IL-10 的表达以发挥抗炎作用。

JAK/STAT 通路

JAK-STAT 信号通路是多种细胞因子和生长因子的信号转导通路,广泛参与细胞的增殖、分化、凋亡以及免疫调节等许多重要的生物学过程,由酪氨酸相关受体、酪氨酸激酶 JAK 和转录因子 STAT 3 个成分组成。信号转导和转录激活因子 -STAT,在信号转导和转录激活上发挥了关键性的作用。

JAK 为非受体型蛋白酪氨酸激酶,与细胞因子受体结合存在,活化后作用在 STAT 分子使之发生酪氨酸磷酸化。磷酸化的 STAT 分子形成二聚体进入胞核,作为转录因子影响相关基因的表达,改变靶细胞的增殖分化。

JAK-STAT 中不同亚基参与的信号通路,其作用并不相同。脓毒症时,JAK/STAT 通路过度激活,组织中的 HMGB 表达显著增加,促进 TNF、IL-1、IL-6 和 MIP-1 的表达,增强炎症反应。而 JAK4/STAT6 信号通路激活后,可改善脓毒症病情,降低脓毒症病死率。JAK-STAT 中相同的亚基参与的信号通路,其作用也不相同。STAT1 可以直接参与抑制炎症反应,也可以通过 IFN-1/STAT1 信号通路上调 IL-10,IL-10

又介导 STAT3 信号通路激活，进而抑制 IL-β 的合成。STAT1 通过介导趋化因子的上调，使大量的炎性细胞、巨噬细胞、中性粒细胞聚集，促炎反应亢进，导致脓毒症的病死率明显升高。

由此可见，与肿瘤相关的信号通路较多，且通路之间可以相互影响、关系较为复杂。部分通路具有两面性，既可以抑制肿瘤，又可以促进肿瘤的发生发展，其作用的变化取决于细胞所处的调节因子环境及组织器官微环境。这些与肿瘤相关的信号通路都参与正常细胞的分化、增殖、凋亡、黏附、代谢、细胞周期调控、新生血管形成等重要细胞生理活动，在肿瘤中仅仅表达增高或者降低而已。新的通路将来可能会被不断地发现。另外，我们列举的参与机体炎症反应的信号通路，与恶性肿瘤的通路存在较多的交叉性，这些通路完全抑制后，机体将失去应对细菌、病毒等微生物感染的反应能力，后果不堪设想。

肿瘤相关的通路如此之多，调控如此繁复，肿瘤生长、发育和转移的复杂程度是难以想象的。信号通路存在多样性、个体性、交叉性，我们可能无法完全认识清楚恶性肿瘤细胞内的信号通路，我们对于信号通路的调控可能也会束手无策。多条信号通路相互影响，调控一条通路会导致其他通路的异常，牵一发而动全身。抑制某个关键分子可能会导致其他信号通路分子的表达增高，矫枉过正。具体到某位患者，其信号通路可能还有其独特性，抑制相关的信号通路可能完全无效。

因此，采用单纯的抑制某一信号通路或者其关键分子来期望达到治疗恶性肿瘤的方式显然是过于简单粗暴了，这种方法的效果不会太理想，其毒副作用肯定难以接受。

按照现在对于恶性肿瘤的理解，我们可能无法治愈这类疾病。恶性肿瘤的发病、发展机制没有完全搞清楚，相对应的治疗就难以做到高效、安全。因此，我们需要将肿瘤治疗的阵地前移，加强预防、戒掉不良生活习惯，避免恶性肿瘤的发生。